翻轉

企業困境
降低成本的26個創見

楊晶晶 著

財經錢線

目 錄

前言

你會選擇健康地生活嗎？

生命在於運動中，世界萬物生靈，周而復始，循環往復，千變萬化，都是在運動和發展中進行的，同樣，企業的誕生也是生命的孕育和產業文化發展的產物，是人類文明的發展及創造的結果，就像人從胚胎中成長並出生一樣，人類的成長需要親人的呵護，企業的成長離不開長久的累積和辛勤汗水的澆灌和培養。

在這個快節奏時代，擁有一個健康的身體是人人嚮往的。也許食品安全、環境汙染以及各種突發事件考驗著我們的生活態度，也許現代社會的快節奏生活讓競爭變得更加殘酷，但是有了健康的身體和強健的體魄，我們才能更加坦然的面對挑戰和挫折。

企業屬於誰？

在你下定決心要創建一個企業時候，這個公司就成為了你的身體，它就是在經濟社會世界中的另一個你。沒有人比你更需要熱愛你的企業，也沒有人能比你更了解你的企業。

沒錯，它的那件西裝是銀行發的——公司成立的時候，銀行的工作人員是給公司的帳戶上存入了不少錢，他們笑眯眯地仰望著這個初次來到經濟社會的孩子，期盼著你能茁壯成長。但是等到狂風大作、寒氣逼人甚至滴水成冰的時候，希望銀行同樣給你足夠的支持和憐憫！

當企業的所有資產脫離了債務，剩下的就是股東權益——你的資本。企業之間的競爭就如同戰場，我們都不會指望一個漏洞百出、管理失控的企業在市場競爭中贏得了一席之地，正如一個病怏怏的人也不可能拼得過身體健壯的競爭對手。因此，運營好你的資本、管理好你的企業，是你最重要的任務。企業的健康就是你在經濟生活中的健康，精力充沛的企業是需要你的呵護和調節。對於企業的健康管理有了一個清醒的認識，未來的企業發展才有保障。

你知道企業的一般壽命期嗎？

根據美國《財富》雜誌的統計，美國的中小企業平均壽命不到七年，大企業平均壽命不足四十年。美國每年倒閉的企業約十萬家，不僅企業的生命週期短，能做強做大的企業更是廖廖無幾。因此，這些倒閉衰亡的企業數量有千千萬萬，但是它們的死亡原因卻並不是千千萬萬。大多數企業的陣亡都是源自於支出大於收入，長期的負收入導致了企業無以為繼，只能宣告破產。

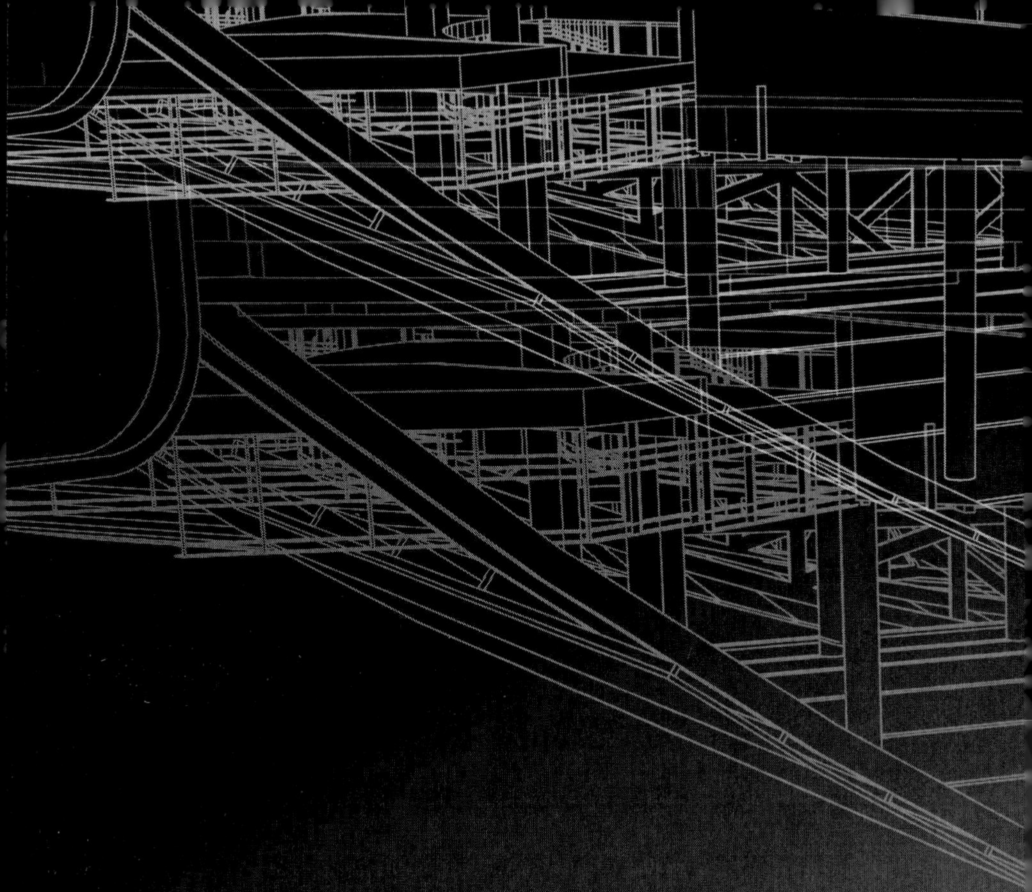

第一部分
降低成本，從成本觀念學起

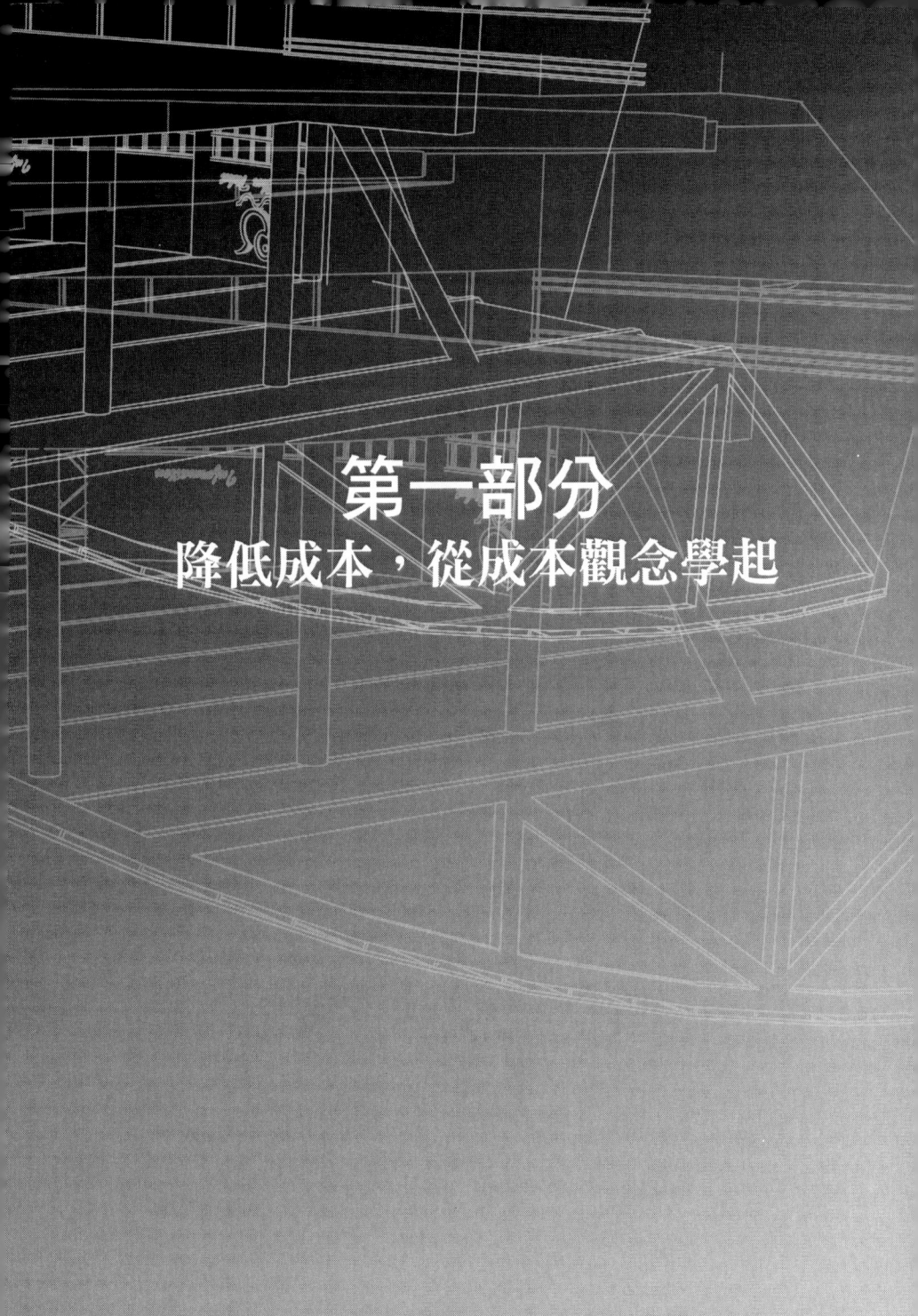

人類從嗷嗷待哺中成長，生長發育需要補充營養，增長知識需要不斷充實學習，企業的發展及定位也是人們自我診斷並開拓市場的理念的再延伸及創意，需要很多智囊團參與及開發和創造，進而形成企業的雛形。你的企業如何健康地生活和定位，將是你首要的任務，營養每天都需要，營養過剩將會使你慢慢失去健康，同樣，你的企業的成本到某個數字的時候也要縮減和控制，何時你需要成本控制？

最重要的問題是，你需要明白，諱疾忌醫要不得。

很多企業家都說，我不需要成本控制，因為我已經很節儉了，我已經是個吝嗇的老闆了。好吧，在接下來介紹成本的概念的時候，我會仔細說明。首先，吝嗇和精明完全是兩碼事。其次，成本管理是一個不斷改進的過程，不生病的企業，並不意味著是個健康的企業。

一個企業的健康狀況和一個普通人一樣，包括很多方面。只有各方面都健康的人才能算是一個健康的人。所以，換句話說，人無完人，故而沒有純粹的健康。企業也是一樣，成本管理涉及各種複雜的管理問題，因此沒有最優良的成本管理方式。故而，我需要對你的企業進行體檢，只有先發現了問題，才能解決問題。

在發現了問題之後，我們需要及時解決問題。對症下藥，是成效最快的一種痊癒方式。我們經常可以看到有些心急如焚的老闆們，一看到高額的成本和微薄的毛利率，就一把火竄上了胸口。這些急脾氣的老闆們不分析落後原因，就對著各位部門經理們拍桌子發脾氣，下軍令狀要求提升公司業績，然後眉毛鬍子一把抓，隨便拿幾張偏方付諸實踐，卻不知可能並非對症下藥。有時候，這樣的病急亂投醫的心態更是加劇了企業負擔。

東漢末年，華佗作為一代傑出的醫學家，精通內、外、婦、兒、針灸各科，醫術高明、診斷準確。州官倪尋和李延一同到華佗那裡看病，兩人訴說的病症相同：頭痛發熱。華佗分別給兩人診了脈後，給倪尋開了瀉藥，給李延開了發汗的藥。兩人看了藥方，感到非常奇怪，問：「我們兩人的症狀相同，病情一樣，為什麼吃的藥卻不一樣呢？」華佗解釋說：「你們倆相同的，只是病症的表象，倪尋的病因是由內部傷食引起的，而李延的病卻是由於外感風寒而著涼引起的。兩人的病因不同，我當然得對症下藥，給你們用不同的藥治療了。」果然，倪尋和李延服藥後，沒過多久，病就全好了。

對於企業來說更是如此。比如：現金比率（Currency Ratio），表現為企業擁有的現金與流動負債的比值。該數值的高低體現的是企業是否可以及時償還短期債務。這裡有兩個企業，面臨的都是較低的現金比率，直觀上的理解，就是兩個企業都面臨較高的債務風險，其資產的流動性都好像難以滿足到期債務的償付。然而，這兩個企業的實際情況卻大相徑庭。企業 A 是一個普通生產製造工廠，大多採用的是賒銷和賒購，其流動負債較高，而企業的現金存量卻不高，因此，企業 A 可能會無法支付到期債務。同時，企業 B 也有很低的現金比率，但是，企業 B 是一個商品零售企業，面臨的賒銷極少，大量採用的是現金銷售。故而，企業 B 完全可以持有少量的現金，而依舊具備較高的短期債務償付能力。故而，同樣是現金存量不大，但是企業 A 和 B 需要採用不同的應對態度。

另外，需要企業家注意的是，對於保持企業成本管理的健康來說，治療管理漏洞、降低不必要的浪費，是一個比較長期的過程。由於市場競爭日益白熱化，新的生產技術和管理方式層出不窮，過去引進的先進技術雖然曾經帶來巨額的收入，令企業風光無限。但是，變化乃天下運行之常道。時過境遷、今非昔比，此時企業就需要時刻反省，不斷思考如何改進。故而，企業的成本管理就如同「逆水行舟，不進則退」。作為企業的醫生，我們需要警告企業的就是，驕傲自滿是極大的忌諱，妄想著一步登天、千秋萬代一枝獨秀般地傲立於世，這都是企業的白日夢。你需要知道，所謂可持續的和健康發展的企業，非精心調養而不能及也。

創見一：識別必要成本

必要的成本是代價，不必要的成本是殺手

首先要明確一個概念：成本並不是越少越好。

成本是生產必須的代價。一生二，二生四，四生萬物。最好的成本管理下，成本就是「一」。不要告訴我你連「一」都不捨得付出。經濟規律不會體現為老子的「從無到有」，無數企業的慘敗反而詮釋了「從有到無」。同時，心理學上也認為，人們只有付出之後，待到成功之時才更覺得有成就感。今天的投入，也是明天成功之後你在慶功場上的春風得意之時的談資。

案例：

有一個建築老闆，公司底下有幾個工人。老闆剛接到一個案子，要求一天內完工。但是根據工人的進度，他預估可能沒辦法完成。開工前一天晚上吃飯，老闆照例幫大家盛飯。工人小張接過老闆盛好的飯，用筷子扒開飯，一股香噴噴的紅燒肉味迎面撲來。原來在盛飯的時候，老闆趁大家不注意，給自己夾了幾塊紅燒肉，塞在米飯下面。小張頓時感動萬分，他趕緊找個冷清的角落，默默的坐下吃飯。他想：老闆平時對自己也不錯，雖然有時候也小氣一點，但是對於自己還是這麼捨得下本錢，看來老闆還是很看重我的，他一定是想著以後多栽培我，好，明天一定要好好努力。

第二天，小張念著老闆特意給自己紅燒肉的情分，默默的積極工作。一天下來，居然把任務都完成了。休息的時候，工人們都覺得奇怪，為什麼今天大家都這麼勤快？居然沒有人偷懶？在大家互相詢問的時候，工人們終於發覺，原來前一天晚上的米飯裡都夾著紅燒肉。所有的工人都覺得老闆是只看中了自己，所以才特別優待自己，於是才產生了今天努力工作的效果。

一碗紅燒肉就能帶來員工的信任和勤奮，這就是用最小的成本可辦最大的事。

於是就產生了第二個概念：不必要的成本是隱藏在公司身體裡的健康殺手。

珍惜生命，遠離浪費；浪費是一種傳染病。

企業的浪費，正如人們的貪欲。古時候有一個農夫，某天去田裡鋤地，在路上發現有個人在河裡快淹死了，於是農夫救了這個人。獲救的人非常感激，為了表達謝意，臨別時送給農夫一個金碗。農夫欣喜萬分，但是當他使用金碗的時候，卻發現粗茶淡飯根本配不上這個金碗，於是他讓妻子耗盡千錢購買珍貴的食物來做飯。當飯菜已經做好，他低頭發現自己衣衫襤褸，於是他變賣家裡的牲畜，買了一套真絲的華美衣裳。但是，當他終於坐下時，又發現自己的桌椅破舊不堪，於是他出賣了自己的田地，購置了一套紅木傢俱。當然，故事的結局是可想而知的。農夫變得一無所有，只剩下那個金碗。農夫既沒有田地謀生，又不願意賣掉金碗，只能端著金碗去要飯了。

我們知道，浪費是可以傳染的。人的貪欲是不斷擴大的，我們的企業也是一樣。當企業養成了揮霍無度的消費習慣，就很難再浪子回頭了。這也是為什麼我們需要對企業的成本進行規劃和控制。另外，一個企業一旦增加了成本，在後期遇到需要縮減成本的時候，必然會阻力重重。割肉的疼痛會使得成本控制的決策流於形式，甚至無疾而終。所以，對於浪費的警惕和預防需要從現在做起。也許你的企業才剛剛出生，還沒有養成揮霍的習慣；也許你的企業已經大腹便便，對於繁雜冗餘的成本專案無處下手。但是都請你注意：從現在開始，形成成本控制的意識，如同亡羊補牢，為時未晚。

在必要和不必要之間劃清界限

做精明的老闆，而不是吝嗇的老闆。

在我們的第一個故事裡，每一個隱藏在飯碗裡的紅燒肉鼓勵了員工，達到了理想的員工管理效果。但是，同樣是紅燒肉，同樣是那麼多人吃，如果放在一個盤子裡，讓大家都夾來吃，就不會產生這樣的效果，不得不說，這樣的老闆就是一種精明。

流傳於一九六〇年代的美國的一個小故事：

傑克是一個高中生。有一天，吉姆獲得了一個打工機會——在大名鼎鼎的薩姆·沃頓的家裡修剪草坪。薩姆·沃頓是沃爾瑪的創始人，於一九六二年白手起家建立了沃爾瑪帝國，使得沃爾瑪家族在二〇〇一年和二〇〇二年超越比爾蓋茨，成為美國富比士的狀元。

到達之前，傑克在心中勾畫出一個百萬富翁的家：一棟美輪美奐的豪華別墅，琳瑯滿目的頂級跑車，僕人們裝飾著精美的袖扣優雅地端著盤子，穿梭於夜夜笙歌的派對，名貴的牧羊犬歡快地在草坪上奔跑。

等到傑克很不容易找到了通訊錄上的地址，他簡直不敢相信自己的眼睛：一個簡樸得有些破舊的小房子，一輛舊舊的福特牌小皮卡，一隻不知名的髒兮兮的小狗在泥濘裡嬉戲。

阿肯色州本頓威爾鎮街角的一間平民理髮店，門口的牌子寫著：理髮一元五美分。這樣的理髮店在美國的貧民區隨處可見，但是，沃頓已經是他的理髮店的常客了。自從沃頓創立第一間沃爾瑪超市以來，沃頓已經和理髮店老闆成了老朋友。理髮店老闆把沃頓形容成是「平凡的薩姆」。有時候，沃頓甚至會忘帶錢包，但是第二天沃頓一定會把錢帶給理髮店老闆。這樣的普通、節儉和平凡，很難讓我們相信這就是創立了沃爾瑪這樣的超市巨頭。

沃爾瑪讓節儉變成了千千萬萬的美國家庭選擇沃爾瑪的理由，杜絕浪費已經形成了沃爾瑪的標誌性文化，也使得薩姆·沃頓成為美國富比士榜上的名人。我們很崇拜沃爾瑪的節儉，但是沃爾瑪也有自己「揮霍」的一面：薩姆·沃頓建立了員工福利基金，專門用於補助遇到突發困難的員工家庭。同時，他還發起了員工子女的獎學金制度，以此鼓勵員工家庭的子女接受高等教育。

因此，請你做一個精明的老闆，而不是一個吝嗇的老闆。

創見二 形成控制的意識

必要成本就像人們的身體健康必須的基本營養一樣，要有一定的比例和膳食均衡，但好吃的食物在面前，要節食很難，企業成本控制也是很難做到的，好的習慣要保持，不好的生活習慣要改變，這就要在生活中不斷的摸索和總結，以便找出必要與其他的差別。

控制意味著公司需要改變它目前的生活狀態。因此，企業需要偏離它早已習慣的生活方式的時候，控制是一個很疼痛的過程。初次接觸到這個概念的時候，很多企業不喜歡被控制：縮減員工，簡化辦公設備，以減少不必要的開支。然而，這些增量開支正是我們所習慣已久的甜點——好吃，但是卻徒然變成你的脂肪；這些冗餘成本正是已經融入我們生活的香菸——享受，但是卻有害你的健康。

當你意識到這一點的時候，就是踏出了成本控制的第一步：形成控制的意識，時刻維護公司的健康。

形成控制的意識

誠然，很多公司已經在持續減少辦公成本：珠三角的很多製造企業已經實施節約型辦公管理，列印紙雙面利用，節約用電用水，按級別和工作量報銷費用。如果你連這一點都沒做到，只能說公司成本的健康狀況已經到了非常嚴重的地步。如果你的公司已經滿足了以上的辦公費用節約化控制，那就可以進行下一步的舉措，勇於發掘成本中的冗餘，善於發現成本管理的健康漏洞。

對於初創期的公司，成本控制是最容易在搖籃時期貫徹實施的。節儉的公司運營方式不僅不會被員工所詬病——前提是做到在成本的概念裡所介紹的：精明但不吝嗇——員工們還會折服於這樣的節約意識，由此覺得你是一個有遠見的老闆。因此，年輕的老闆們，可以大方地告訴你的員工和下屬，通常情況下，公司的工作聚餐在路邊的小吃店進行。相信我，對於熱火朝天的年輕人來說，聚在一起吃露天的路邊燒烤比某星級酒店的海鮮大餐更能夠增加同事之間的感情。

對於成熟期的企業，機構業已基本構建完畢，員工們可能早已形成了揮霍無度的觀念。貫徹控制的意識可能會得罪享福已久的某些人。但是你願意成為這樣的老闆嗎？當你在豪邁地宣布一項不必要的辦公室裝修計畫的時候，這無疑在向你的員工傳達這樣的資訊：這個老闆人傻、錢多、速來。

採取控制的舉措

成本控制不需要鋒芒畢露。柔性的成本控制更容易使公司成為一個簡潔、高效同時又富有人情味的組織。這就是為什麼成本管理是一種健康管理。因為健康管理是一個循序漸進的過程，任何一個激進的成本削減，可能會帶來暫時的收效。但是請記住，只有持續的成本管理才是企業培養健康習慣的必然之道。就好像一個從未參加任何運動的大腹便便的傢伙突然開始馬拉松長跑，結果是可想而知的——跑到中途，這傢伙一定會停下來，可能不是骨折就是疲累的狀況，使他根本沒法再繼續長跑。健康問題不是一蹴可幾，需要長期的促進和維持。

但是，健康的意識是需要長期培養和貫徹的，這卻並不意味著成本管理的成效是微乎其微的。當看不到成本管理的好處，老闆們立即毛躁了。但是請相信，這種柔性的成本管理對於公司的健康狀況的提高絕非只是一星半點，而是「隨風潛入夜，潤物細無聲」。

請你看下面的這個表格：

表 1-1 不同市場環境下的成本管理

	穩定的市場環境			不利的市場環境		
	變化前	變化後	變化度	危機前	危機後	變化度
收入	100	100	不變	100	95	下降 5%
成本	80	70	降低 12.5%	80	65	降低 18.75%
利潤	20	30	上升 50%	20	30	上升 50%

先觀察一下左邊的「穩定市場環境」。很多企業要提高利潤，總是習慣性的寄希望於收入的提高。當然，「開源」是企業源源不斷利潤流入的終極原因，之所謂「問渠那得清如許，為有源頭活水來」。但是更多的情況是，增加收入是需要外部環境予以配合的，比如大幅度提高消費者的滿意程度，開發出一鳴驚人的新產品，或者是迅速占領大部分市場。以上的這些情況，在當今很多企業看來，無非就是「南柯一夢」。由於外

部的因素過於複雜，也就決定了收入這個變數是企業無法透過自身的努力予以控制的。所以，最重要的是，對於有些身處於已經基本定型的市場的大多數中小企業來說，企業面臨的是一個穩定的市場環境。在一個成熟的產業中，企業的競爭地位基本穩定，消費者的數量和特徵也基本定型，決定了企業的收入是穩定的。這就是企業家需要知道的一般常識：收入穩定的情況下，小幅度降低成本，大幅度增加利潤。這個槓桿作用是需要牢記的。

接下來，我們看到右邊的「不利的市場環境」。這種情況是很多企業家不願意面對的，但是卻又不得不面對的市場狀況。微利時代的到來，削減了很多企業的收入。這就促使成本管理更加重要。但是在一定的成本控制下，我們同樣可以達到利潤上升百分之五十的目標。這是為什麼？這是因為，比起在穩定的環境下，我們的槓桿稍微傾斜得大了些，成本控制增加了百分之六點二五， 因此，在下降了百分之五的收入的前提下，我們的利潤甚至上升了百分之五十。透過成本管理，企業以成本下降的微弱優勢不僅跑贏了惡化的收入，也獲得了更高的利潤。

因此，我們的治療依據是中西醫結合：西醫治標，中醫治本。企業成本的健康管理不需要傷筋動骨，每天鍛鍊一小時，健康生活一輩子。

微小的改進就可以帶來豐厚的回報，持續的成本健康管理就可以帶來持續的利潤。

創見三：揪出危害企業成本健康的人財物

企業的健康是可以被慢慢腐蝕的。冗餘的人員，長期的應收和預付帳款，滯銷的存貨，龐雜的各項費用，這都是企業成長過程中成本健康管理的隱患。稍不留神，企業的利潤就會被這些增長的成本慢慢蠶食掉。具體來說，企業的健康隱患可能存在於人、財、物這三個「器官」中。在這三個「器官」的檢查中，你需要回答這些問題：

人：

客戶、供應商、員工，你怎麼看待與企業有關的這些人？

搜集了一下老闆們的回答，大致可以分為以下幾種。

階級敵人型：

有很多老闆面對從自己口袋裡掏錢的人總是具有先天的反感和警覺。「對於供應商和員工來說，他們在我們企業中的角色定位一直是占用資金的主角，他們的戲分永遠是增加成本。客戶雖然為企業創造了收入，但是和控制成本沒什麼關係，所以不需要關注。所以企業只需要好好壓榨員工，壓低進價，就可以實現成本管理了。」

以上的觀點絕非少數，甚至對於大對數企業家來說，上述觀點就是所謂的「成本管理」。但是，這樣的成本管理會導致什麼結果呢？

蠻橫地壓低工資水準加上無休止地強制加班，員工的工作熱情和積極性大受打擊，資深員工外流，順便帶走了長期耕耘的關係客戶，吸引不到優秀員工，直接降低企業的後續發展。苛刻的進價政策、無休止地與供應商爭吵以壓低進價、不考慮貨物的品質而僅僅挑選報價最低的進貨單位，導致企業與供應商的關係緊張，一旦進貨環節的銜接出現錯位，會造成材料的供應跟不上生產進度，引發停工待料等更大的浪費。更重要的是，價廉劣質的原材料不僅不會節省企業的成本，反而會影響了本企業的產品品質，進而導致更高的報廢率和更大的品質承諾保證費用，更有甚者，企業的聲譽也會受損，顧客流失，市場縮小，這無疑是對企業的毀滅性打擊。

親如一家型：

有的企業家奉行的是三不管戰略。「市場行銷的理念就是顧客是上帝，所以客戶是衣食父母。只要有顧客願意購買我們的產品，不管他採用什麼樣的付款方式，只要價格在成本之上，我們就應該積極生產。這個供應商已經相處這麼多年了，雖然他的產品價格有點高、品質也不怎麼樣，但是都是老夥伴了，下一批的原材料還是買他家的吧。這幾個員工是我的老手下了，雖然思維有點落伍，開會的時候提不出什麼像樣的建議，但是總是迎合我的想法，我聽著也舒服。」

這種三不管戰略是老企業容易犯的毛病。一切隨緣，與人為善，是很多老同志的特點。

其實這種問題產生的主要原因是缺乏明確的企業目標，企業管理層較少甚至從未考慮過企業的市場定位和最優的管理方式，平時疏於管理或者過於「以和為貴」。但是，這正是成本控制的大忌。當今，在激烈的市場競爭中，大多數老企業都是由於「不忍心」或者「不想管」而慘遭淘汰的命運。

財：

企業的資金是短缺的還是閒置的？

首先，我們需要區別現金和利潤的概念。

老闆：下週我要去 X 地出差，你帶上幾萬塊錢和我一起去吧。

出納：但是老闆，我們的企業沒錢了。

老闆：怎麼可能？昨天財務經理才把報表給我看，上個月剛賺了很多錢的呀！是不是你們在騙我啊？把財務經理給我叫來！

以上的對話是不是有點熟悉？企業家們通常只對利潤感興趣，因此常常會和他們的財務經理或者會計人員產生以上的衝突。這樣的衝突實際是源於老闆對「現金」和「利潤」的劃分不清導致的，因為企業的「財」是有兩種表述的：現金和利潤。在上面的對話裡，雖然老闆和出納都說到了「錢」，但是這兩個「錢」卻可能分別指向不同的概念。

利潤：這是企業家們最關注的，所以在和財務經理交流的時候說的最多的就是：「這個月的利潤是多少啊？」利潤也就是企業的收入減去支出等於淨利，有時候也指收入減去成本等於毛利。淨利和毛利的差別主要體現為淨利考慮了扣除企業日常的各種費用，因此反應了企業最終獲得的利潤。而毛利則主要用於考核生產企業的生產業績。因此，老闆們在評價你們的生產部經理工作業績的時候，最好使用毛利的概念：因為你的生產經理和公司的管理、財務以及銷售費用沒有必然聯繫。舉個例子說，銷售人員為了拉攏客戶而請客吃飯，這筆帳和你的生產經理沒有關係。

現金：主要是企業保險庫的現金和活期銀行存款。現金的用途一般都是用於企業的日常開銷，包括差旅費、用於企業交際的費用和小額辦公品的購買等等。現金一般掌握在出納的手裡，和財務經理或會計是要隔離開的，否則會產生舞弊或者侵吞資產的漏洞，這一點我會在後面的治療階段詳細說明。

從概念上很容易區分利潤和現金，但是二者的區別不僅僅在概念上。老闆總是容易把利潤等同於現金，是因為他們總是以為利潤就是現金的流入：從某種程度上來說，這是沒錯的，但是要注意的是，利潤是現金在某時刻的流入，這個時刻不一定就是當前。

現在的市場經濟下，使用賒銷的方式越來越多，除非我們的公司運營的是一個超市，否則不會有那麼多的銷售都使用現金。尤其對於生產大件設備的企業來說，每一次的交易絕對不會採用現金——背著那麼重的手提錢箱，一手交錢一手交貨，你以為是在進行黑社會交易啊？！因此，使用銀行承兌匯票等應收票據的方式進行的現銷、或者採用應收帳款方式的賒銷，以及兩種方式混合，這是當下企業大多採用的銷售方式，而這都是有一個到帳期的問題。商品銷售出去之後，利潤立即反應在會計帳簿上，但是現金不一定立即流入企業。在這個到帳期內，企業家會發現，明明帳上有錢，為什麼出納那裡沒錢？

財政部統一要求企業編製「現金流量表」，雖然這張表的編製過程比較複雜，但是你從它的名稱上看，就可以知道它是專門說現金的事。所以，當你想知道企業到底還有沒有現金，還是放過損益表吧，它真的不關現金什麼事。

其次，大多數老闆會注意企業的錢是不是少了，但是一般不會注意到企業的現金是不是多了。

就像上文的小對話那樣，老闆們只是關心錢夠不夠用，至於多出來的錢，就放那裡放著好了。事實上，這種做法在一個通貨緊縮的時代是完全可以的，但是目前我們已經不是處於那個時代了。物價上漲和 CPI 同比上漲已經成為熱門話題，相信你也在新聞上看到過。通貨膨脹的含義，簡單來說，就是錢越不值錢。故而，既然錢不值錢，那我們就應該把不值錢的錢及時換成值錢的東西。換句話說，現金管理的中心思想就是，什麼值錢換什麼，讓錢也為你賺錢。但是由於企業的能力有限，可能無法接觸到比較好的理財管道，因此，對於一般的企業來說，持有一定量的現金——不多不少——就是管理現金的最佳狀態。

故而，對於現金管理來說，你的財務經理就是扮演了一個非常重要的角色。一個好的財務經理會明白保持適度的現金是多麼重要。所以，如果你要考核你的財務經理，可以使用這個標準：企業要錢的時候有錢，不需要錢的時候就沒錢。對於不適當的現金管理，不論是短缺還是閒置，都會造成不必要的成本支出，無疑是我們企業的成本健康管理的障礙。

物：

企業的資產能帶來收入嗎？

根據資產負債表，企業的資產按流動性劃分為兩類：流動資產和非流動資產。對於成本管理來說，企業的資產從大類上可以分成兩類：能產生利潤的和不能產生利潤的。從某種意義上說，不能產生利潤的資產就是我們需要進行成本管理的重點：不能產生利潤，那就是浪費，那就是我們企業的健康隱患。下面先列舉兩種需要關注的資產，以舉例說明：

固定資產

對於固定資產，大部分體現為企業的機器設備或者廠房建築。我們需要關注的是它們的生產狀態。首先，已經停產的機器早就該及時淘汰。其次，有時候，衡量生產設備是否可以帶來收入，並非體現在「可不可以生產」，而是「能不能比競爭對手生產的得更多」。有些企業的生產設備已經落伍了：同樣的時間，競爭對手的設備比我們的生產數量多了一倍，試問我們為什麼還要保留舊設備？

健康小叮嚀：我國的稅法規定鼓勵更換新設備，購買新設備的增值稅可以構成進項稅予以抵扣部分。也就是說，購買的設備價款中，有一部分是可以以少繳稅的方式讓國家負擔。

但是，更換機器設備的決策是需要一個綜合考慮的。雖然陳舊的機器設備無形中增加企業的生產成本，是我們需要改進的健康隱患，但是何時更新設備，更新什麼設備就關乎企業成本健康管理中的治療效果問題，這會在以後的相關篇章中敘述。

存貨

對於存貨，是否適銷對路很重要。對於生產和商品流通類企業而言，存貨就是企業創造利潤的直接來源，決定了企業的利潤流入和財務表現。有些企業的健康會因為存貨問題而陷入絕境。

案例

長虹一直是實施成本領先戰略的傑出代表。長虹依託大規模生產，降低了產品的單位成本——也就是「薄利多銷」——製造了彩色電視業「不落的太陽」這個神話。然而，在一九九〇年代，長虹卻因為存貨管理的決策失誤險些一命嗚呼。上世紀末的彩電大多採用彩色映像管，長虹預言該原料即將漲價，於是為了控制進貨成本，長虹在一九九八年大量囤積該類別的彩色映像管，期待著在下一輪的成本戰中一舉奪魁，但是此戰略卻失誤了：生產映像管的廠商加大生產量，該原料並沒有因為長虹的囤積而出現短缺，甚至在世紀之交之時，彩色電視業發生技術革命，使用彩色映像管的彩色電視逐漸被更有競爭力的新產品 LCD 電視逐出市場。然而長虹已經囤積了大量過時的存貨，占用了大量資金。不適當的存貨管理戰略，直接導致二〇〇一年時長虹在上市以來的首次虧損，元氣大傷。

因此，分析存貨的品質是成本管理的必經之路，其實也是控制成本的入門級手段。對於大多數企業來說，保持一定的正常存貨是必須的。但是，還有更多存貨管理的新模式，可以實現企業成本的更優化控制。

當然，由國際知名的成功企業引領的健康新潮流總是走在最前列，這也是我們和他們的差距。

總結上面的介紹之後，基本可以得出以下幾個結論，以此作為我們企業的成本控制健康管理的理念和指導思想：

正確面對成本控制，做精明的老闆。

柔性的、可持續的成本控制，面對成本控制的漏洞要勇於而且要善於改正，切勿諱疾忌醫。

進行標竿管理，給自己的企業確立一個榜樣，切勿產生自滿情緒，要相信沒有最好只有更好。

首先，善於向成功企業學習，他們的經驗和教訓可以讓我們少走很多彎路，他們的成功之處更能夠擦亮我們靈感的火花。

豐田公司的成功也是從早期的效仿開始的。二戰後，日本的經濟蕭條，汽車產業遠遠不及美國的繁榮發達，而美國的福特汽車公司更是令眾多的日本企業難望其項背。早在一九五〇年，當時的福特產量是每天七千輛，超過豐田一年的產量。但是，當豐田公司的豐田英二參觀美國福特的底特律工廠後，居然得出結論說：「他們的生產方式還有改進的地方。」回到日本後，豐田公司著力研究生產管理方式，最後研發了精益生產方式，促使生產數量大幅提升，單位成本迅速降低，獲得巨大的規模效應，從而確立了日本汽車低成本高品質的良好口碑，甚至促使日本的汽車工業超過了美國。

要進行成本控制的健康管理，就需要尋找成本控制的成功企業作為最優代表和效仿的對象。如果你告訴我你找不到，那麼只有一個問題：你已經出現了自滿情緒。正如很多處於亞健康狀態的人們拒絕承認自己有健康缺陷。沒病，並不意味著你很健康。從某種意義上說，小病小災正是警醒的開始，而長久的不痛不癢也是逐漸衰敗的前兆。

《塔木德》是猶太人的聖經，世世代代的猶太人以此書作為他們的行為準則和生活規範。在《塔木德》中，記載有關於他們的經商之道，有一句十分重要的話：「一次只做一件事。」按部就班的前進十分重要。我們十分崇拜那些成功的企業，但是也要清楚，泰山不是一天就堆起來的。「千里之行始於足下」，「騏驥一躍，不能十步，駑馬十駕，功在不舍」，這都是古人給我們留下的警訓。現在的成功無非是企業在各方面的慢慢改進而促成的。我不期望一個存貨管理混亂的企業第二天就進行「零庫存」管理，也不相信一個生產機構冗雜的公司立即實行生產環節外包。我相信事物都是一個量變到質變的過程。所以，請你的企業先做好體檢工作，發現自己的企業究竟在哪些環節存在問題，這樣才能對症下藥，標本兼治，這樣才是長久之計。

創見四：制定個性化成本管理的基本方向

在制定個性化的成本控制方案之前，我需要知道你的企業的基本資訊。比如是獨資制還是合夥制，生產型企業還是商品流通企業，初創期公司、成長型公司還是陷入中老年危機的公司。這些問題直接關乎適合你公司的成本控制方式。要知道企業存在哪些問題，請帶著你的企業回答以下幾個方面的問題：

首先，你企業的姓名：私人企業、合夥企業、獨資公司還是股份公司等等。

合夥企業或者有多名股東的公司很容易遇到的問題就是決策成本太高。因為合夥制企業中存在兩個以上合夥人，每個人都有一定的決策權，統一決策本身就是個浪費時間和精力的過程，再加上不同的所有者為了自身的利益往往私設機構，用人唯親，直接導致了機構衰敗。最明顯的例子就是中國的家族企業，由於各自的利益邊界模糊，導致多重決策問題突出，管理績效降低，直接加大了企業的管理層級，延長了資訊傳遞鏈條。

其次，你企業的性別：生產類企業、商品流通企業、服務類企業還是高科技企業等等。

不同的企業的成本構成是完全不同的。這就說明了如果你的企業屬於商品流通企業，那麼對於如何改進生產環節的效率是完全不需要關心的。生產類企業中，控制成本最大的地方可能就是供產銷的流程中的製造成本，因為製造成本一般占總成本的比重比較高，因此也是一般成本控制的重點區域。而作為商品流通企業來說，由於差價是該類企業創造利潤的主要來源，故而供應商的進貨環節和面向客戶的銷售環節就是成本控制的主要領域。服務行業的成本控制則主要在人員績效和考核方面，因為服務類行業基本是勞動密集型行業，服務人員的專業勝任能力和服務水準直接關係著企業的收入和成本核算，進而影響到企業的利潤水準。因此，不同的行業，面臨的成本問題可能是大相徑庭的，故而需要結合自己企業的所屬行業具體分析成本控制缺陷。

最後，你企業的年齡：初創期、成長期還是陷入中老年危機的公司。

企業未來的發展必須建立在它曾經創造的歷史之上，成本控制問題在企業的不同發展階段亦有不同的表現。企業的發展週期理論闡述的就是把企業的生命週期劃分為幾個階段：初創期、成長期、成熟期和衰退期。分析企業的所處階段十分重要，這是因為，就如同人的生命週期一樣，企業也和人一樣，在不同的發展階段具有不同的年齡特徵。

小測試：

如何知道你的企業的年齡？請你根據企業的特徵填寫下列表格：

說明：表中有 A、B、C、D 四個部分的選項，每一部分中包含 8 個問題，請你對應自己的企業特徵，如果企業符合選項的描述，請在方格內打勾。

表 企業生命週期測試表

序號	特徵	若是，請打勾
A		
1	專制專權管理，基本沒有分權、授權。	
2	不存在「群策群力」，取而代之的是迅速決策、迅速執行。	
3	企業缺乏「規章制度」及「經營方針」。	
4	員工招聘與提拔隨意性很大。	
5	高層領導與基層員工的工作能力差距巨大；沒有高效率的員工團隊。	
6	上級指令對人不對事：一人多職、「擅離職守」現象嚴重。	
7	員工責任心不強或從業信心不足。	
8	解決危機的決策無先例可依，管理者處於思想高度緊張狀態。	
B		
1	銷售額和盈利高速成長。	
2	信心膨脹，出現非理性盲目投資。	
3	「元老」、「功臣」追名逐利，分享成果思想暴露。	
4	高層管理出現思想分歧，內部矛盾逐漸劇烈變化，甚至開始出現部分「元老」戴「烏紗帽」的現象。	
5	創業者既無力集權管理，又擔心分權失控，陷入「分權」與「集權」兩難境地。	

6	企業成為創利、納稅大戶，引起稅務、工商、勞動、技監部門及新聞傳媒重視，行政性、公關性、公益性項目開支增多。	
7	企業形象進入行業，進入社會。	
8	初步制定必須的、有效的管理規章，企業開始進入規章「實效化」管理程式。	
C		
1	在市場運作基本形成體系前提下，追求市場地位穩固，利潤穩定「自動」產出。	
2	創業者在自行管理與外聘總經理管理之間，出現兩難選擇。	
3	創業者個人尊嚴意識膨脹，「民主」成為裝飾，企業領導人的「面子」比企業利潤更重要。	
4	規章制度以世俗化、常規化為標準，追求形式卻無實用價值，甚至漏洞百出。	
5	尊重傳統成為企業文化主流。	
6	新進員工迅速產生「失望」心態，人員短期流動率又重新回升。	
7	無原則遷就，養成眾多「老油條」。	
8	艱苦奮鬥意識迅速淡漠，隨便花錢，浪費嚴重。	
D		
1	利潤呈下滑趨勢。	
2	「民主」成為無責任的表現，會議眾多、決策緩慢。	

3	中層管理幹部著眼於將自己的機構膨脹，顯示自己管理能力，導致機構重疊、冗員產生者成為「不按規矩辦事」的典範，遭到責難。	
4	創新思想受到形式主義的「技術性」壓制；創新者成為「不按規矩辦事」的典範，遭到責難。	
5	花鉅資用於缺乏內涵的企業形象建設，包括福利設施建設、辦公環境及著裝上。	
6	強調做事的方式及「樣子」最佳，而不考慮做事的目標與原因。	
7	派系爭鬥白熱化，雙方難容對方共存於一家企業。	
8	規章制度數量驚人。	

表中有 A、B、C、D 四個部分的選項。當你完成了這個表格之後，請計算出每一個部分的打勾，找出打勾最多的那個部分，即代表你的企業屬於這個類型。

A 類企業：初創期。企業剛剛成立，或者業務發展還很不成熟，信用水準有限，融資比較困難。

B 類企業：成長期。企業在該階段的生命力比較旺盛，同時資金缺口也比較大，產品得到市場的肯定，銷售增長比較快。

C 類企業：成熟期。企業獲得的收入利潤開始趨於穩定，財務狀況和經營水準得到改善。企業的管理結構開始出現固定化，管理者開始注重經驗，而忽視創新。

D 類企業：衰退期。現金流相對穩定，但是銷售開始下滑，產品和設備老化，企業疲於創新，人員開始流失。

初創期的企業容易因年幼而夭折，成長期中的企業易於發生青春期叛逆，成熟期雖說是最穩定的時期，但是面臨著走向衰老的過程，而衰退期則是頻發「老年病」的高峰期。但是，企業與人的生命週期具有一個顯著的差別：企業並沒有年齡的限制。換句話說，進入成熟期的企業，下一階段也許並非是衰退，而是透過成功開發新產品或者重組合並，導致迎來企業的成長期，進入事業發展的「第二春」，此所謂「病樹前頭萬木春」。故而，這決定了我們的企業是完全可以透過優化管理形成源源不斷的不竭動力，在成長期和成熟期之間徘徊，以此實現事物的曲線上升，不斷推進企業「重複著昨天的故事」。

就成本控制而言，在年齡階段，成本控制的宗旨主要表現為「早發現早治療」。通常，成本問題是長期累積的慢性病，成本問題可能會因為沒能夠及時解決問題而演變成更大的危機。因此，在成熟階段和衰退期，成本控制的問題特別突出。但是在初創期，成本控制亦不可小覷。由於不注重成本管理，導致很多企業「先天不足」，影響了企業的後續發展。有許多小型企業，由於沒有養成成本控制的健康習慣，一旦經歷重大變故——比如二〇〇八年的金融海嘯——立即變得不堪一擊，故而造就了不少的短命企業。進入成長期，擴大的生產和銷售帶來的是不斷增長的收入，但是此刻的成本也是成幾何狀增長，成本控制問題日益突出。但是由於青春「叛逆期」正是眾多矛盾突發的時期，許多企業家可能不會把注意力放在如何控制成本上——突然擴大的企業規模使得老闆們既高興又煩惱，企業家們面臨的問題是以前從未遇到過的，因此他們的注意力可能已經被增加的收入吸引過去，從而無暇顧及成本如何控制。更重要的是，由於缺乏冷靜的財務思維判斷，企業家可能會放縱了不稱職的財務經理，故而，不良的成本管理直接加速了企業衰老過程，當企業家們笑望增長的收入和擴大的市場份額時，卻不知「輕舟已過萬重山」、「是非成敗轉頭空」了。

但是，需要我們注意的是，也許你的企業是屬於某類特徵的公司，但是不一定存在該類公司成本管理的通病。例如：你的公司是屬於生產製造業，但是由於你在生產環節管理得當，因此控制生產環節的成本基本不存在問題。但是企業的銷售環節管理不當或者行銷策略的實施比較困難，導致銷售費用太高，這就比較類似於商品流通企業的問題。正如同樣是十二歲的孩子，既有溺愛過多營養過剩的，也有喜歡挑食營養不良的。因此，請您務必要靈活處理。

不同類別的人群需要不同的療養方式；不同的企業的成本管理方式也迥然相異。我們已經將你的企業按照上述三方面進行了分類，根據剛才分類的具體分析，現在你可以確定適合的企業成本控制管理的基本方向：

企業只有一個姓名：決策者應該只有一個

應對股東和利益相關者眾多的情況，進行集中化的成本控制。

由於股東和利益相關者眾多，會直接導致決策權的分散化。對於大型企業來說，由於存在比較完善的公司治理機制，股權分散化有助於公司決策的平衡。同時，學術界有許多理論業已證明了股權越分散，公司治理機制運行更加完善。但是對於占大多數的中小企業來說，股權的分散，最多也不過數十個而已。更重要的是，大多數的中小企業還未完全實現所有權和經營權的分離：大多數股東既是企業的所有人，又掌握著企業的經營權。

故而，大多數公司採用合夥制企業或者有限公司的形式建立企業，同時又由各位股東自己參與經營管理、行使經營決策權。這就很可能導致不同的股東各持己見，在形成統一決策的過程中浪費時間和金錢，不僅產生了不必要的成本，又削弱了決策的時效性。

首先，利益相關者過多，導致企業的「多頭壟斷」，統一決策需要一個磨合的過程。說到磨合成本，不得不提到為眾多成功企業家所詬病的「會議」。你知道會議的成本嗎？每一次的會議的成本 = 會議人數 × 與會人員每小時創造價值率 ×2+ 固定成本。其中，計算會議人員的費用時，採用的是創造的價值，而並非工資率。關於工資順便一提，人力資源部門普遍的共識是，員工的工資最多只是他創造的價值的五分之一。發更多的工資不一定會帶來員工績效的顯著上升，反而會加大企業成本，甚至產生人浮於事的負面影響。開會時人員成本是需要工作時間雙倍的價值創造為代價，是因為大多數員工開會時，其精神狀態完全不可與工作時想比。甚至當會開得多了、開得久了，員工們會產生倦怠情緒，可能會影響到會後參與工作的精神狀態和工作熱情。故而，在公式中，人員成本需要加倍折現。至於固定成本部分，也基本是可見成本，就是會議場地費用、交通費、餐飲食宿和交際的費用等等。這一部分費用在有些企業的支出中是巨大的。現今眾多大型企業的會議聚餐的天價花費已經成為熱門新聞，被大眾所詬病，這不僅直接導致不必要的浪費，更是影響了企業的形象。

麥當勞的創始人雷・克羅克反感辦公室的拖沓工作作風，為了防止冗長懶散的低效率開會，他竟然要求鋸掉所有經理的椅背——這也就是著名的「鋸掉椅背」之說。取而代之，他採用的是接近基層，及時了解現場情況，當場解決問題。這種「周遊式管理」避免了會議時的舌戰和會後的倦怠。畢竟，紙上得來終覺淺，絕知此事要躬行。

其次，各個頭目各自為政，為了一己私利，常常爭相在公司的職位上安插「自己的人手」。員工們「各為其主」，導致辦公室裡形成派系鬥爭，額外成本應運而生。這無疑分散了工作精力，遠不及大家一起齊心協力做事，這樣才能達到最佳的管理績效。辦公室政治總是削弱公司凝聚力和戰鬥力的最大殺手。很多面臨不同利益的部門管理者傾向於各自為政、追逐己利，他們各自的部門人員必然會產生嫌隙。大量的時間和精力就浪費在了辦公室鬥爭中。更重要的是，各自的支離破碎的分部目標很可能阻礙企業整體目標的實現，會對企業的發展產生更大的破壞作用。

最後，多人決策、多人負責，就等於隨意決策、無人負責。雖然集體決策可以提高決策的科學性——也就是所謂的集體的智慧是無窮的，但是集體決策的方式可能會給決策者以很大的「偷懶」空間：「搭便車」效應顯著。各個決策者可能怠於思考最佳決策，他們可能認為：「反正決策是大家做出來的，如果決策失敗，我也不負責。」因此，在討論的時候可以群策群力、腦力激盪，但是在拍板時，請讓一個人拍板。畢竟量化到人的指標最容易考核，也最容易實現。

總之，企業可以存在多個股東，但是做出決策的只能是一個人。縮小你的企業的各級決策者，最好做到：每一級別只有一個決策者。

企業的性別：行業特徵影響了成本控制的具體條件

不同類型的企業，要針對自己的行業特點進行成本控制。

對於不同行業的企業，成本的構成是有顯著差異的。總結一句話，就是「靠山吃山，靠水吃水，靠人吃人」。所謂「靠山吃山」，生產企業的製造成本比重大，那麼成本控制可能在製造板塊會取得優勢，因此需要充分利用好生產設備等固定資產已帶來最大收益；所謂「靠水吃水」，商品流通行業的銷售環節是管理關鍵點，因此對商品流通行業的企業銷售管道優化，加快商品的流動，可能節約更多不必要的浪費；所謂「靠人吃人」，服務行業企業的員工就是企業最大的「搖錢樹」，故而服務行業的人員一旦得到合理的績效考核，成本也會有顯著下降。

因此，結合企業的行業特徵，找出所耗成本最大的流程，改善這個流程就可以提升企業成本管理的健康指數。對於耐吉公司來說，傳統的生產流程就是企業最大的成本支出部分。因此，耐吉早在創立之初，就決定了採用非同一般的經營方式——生產線外包。菲爾・耐特是耐吉公司的創始人，早期是一個長跑運動員。他從他的教練那裡得到了一種企業精神——Just do it。個性化和尋求創新的企業文化成為企業改革的不竭動力。因此，耐吉公司早在其前身——藍帶公司創立時，即與日本一家球鞋製造企業「鬼塚虎」公司合作，藍帶只負責銷售和貼牌，而生產部分則外包給「鬼塚虎」公司。故而，對於生產企業來說，最頭疼的事莫過於控制生產環節的成本，而耐吉公司雖然擁有自己品牌，卻在高度控制產品的內部同一性和外部的差異性的前提下，做到了生產環節外包，為了集中企業競爭優勢，徹底根除了最占用本企業資源和成本的環節。

但是，正如我在診斷篇提到的，每個企業都有自己的個性特徵和競爭策略，故而，具體的成本控制情況可能千差萬別。好比剛才提到的耐吉公司，如果耐吉需要進行成本管理，他會把注意力集中在行銷和物流環節，因為行銷和物流正是耐吉的核心。而同樣是體育用品公司的愛迪達，實行的卻是物流外包的競爭策略。由於愛迪達擁有自己的工廠，自己設計研發自己的產品，因此製造費用占據了生產成本的大部分比重。故而對於愛迪達公司來說，控制製造生產費用就是最大重點。

企業的年齡特徵：不同發展階段的成本特徵以及控制關鍵點

返老還童，永保青春。人生自古誰無死，生老病死是不可改變的客觀規律。即使通過再仔細的健康保養， 人總是難免衰老的一天。然而，企業卻並非如此。經過合理的健康管理，不少企業可以一直保持穩健的利潤增長，甚至有的企業在經歷重創之後，經過合理的調節，重新煥發生機，以精神飽滿的狀態迎接新的春天。故而，企業的健康管理是如此重要。成本控制方面的管理也不例外，良好的成本控制如同唐僧肉一般，會使得企業延年益壽長生不老。故而，在成熟期甚至衰退期的企業，由於其矛盾業已常年累積所以尤為突出，尤其需要注意成本控制的問題。而對於年輕的企業，則需要未雨綢繆、注意預防。畢竟隨著時間的推移，成本控制問題會越來越嚴重，將成本控制的漏洞扼死在搖籃裡，就不會在以後的時節「野火燒不盡，春風吹又生」了。

一般來說，企業的生命週期包括四個階段，每個階段遇到的成本問題也各不相同。請看看你是哪個階段的企業。

初創期的企業：「老闆，這個業務的人手不夠，我們多招些人吧！」「新的客戶需要加強溝通，所以這個月的招待費又突破預算了。」想達到目標就必須付出代價的心態在初創期的企業特別流行。不少年輕老闆胸懷一腔熱血，專注於市場開發而忽視成本控制的必要性。當然，我並不是說市場開發不重要，開發市場也是有利於成本控制的。但是如何權衡出成本和收益的比重，是初創期的企業家們需要注意的問題。

發展期的企業：企業在發展期間，隨著規模的壯大，容易忽視成本增長的問題。面對老闆對成本增長的質疑，生產部經理和財務經理往往會將成本增長歸結為企業發展和規模擴大的需要。然而，你需要計算投入產出比，以此決定你的成本是不是已經凌駕於收入之上。成本比較類似於一個增量的概念：冗餘的成本一旦長在你身上，割下來就是個痛苦的過程。為了避免以後的痛苦，今天的斤斤計較是完全值得的。

成熟期的企業：習慣的力量構成了成熟期的企業進行成本控制的最大阻力。成熟期的企業由於業已取得一定的成就，占據了穩定的市場份額，保持了一定的利潤水準，因此會產生驕傲自滿情緒，容易喪失成本控制的動力。往往必須經過「病來如山倒「，人們才能認識到健康的重要性。另外，成熟期的企業面臨的前景是非增長則衰退，因此成本控制勢在必行。但是為了應對僵硬的組織反應，可能採用外來的力量改變成本控制的劣勢是一種不錯的選擇。由於成本控制必然會改變習慣已久的工作節奏，或者會損害一些人員的利益，因此可能會受到比較激烈的反對。此時，許多領導者感覺到成本控制就是一片雷區。如此，不妨將踩雷的任務外包出去，聘請專業諮詢公司出面進行成本管理改革。

衰退期的企業：你是不是感到每一次指令的傳達都特別慢，一個決策在制定之後十天才能傳到生產線？企業的倉庫是不是堆積了越來越多的存貨，因為成本高又不對消費者的胃口，故而無人問津坐等發霉？部門機構的人員是不是哈欠連天、沒精打采，或者他們似乎電話接個沒完、桌上堆起山高的文件，但是當你仔細翻看業績報告的時候卻發現最近的銷售連連下滑、一個月前的案子還等待處理？如果你有兩個以上的答案是「對」，則你需要深刻思考自己的企業是否已經進入了衰退期。進入衰退期是一個比較緊急的問題，誰都怕老，企業也一樣。對於一個競爭激烈的市場而言，過時就等於被淘汰。所以在這個階段，成本管理的改革反而比較容易推行。大刀闊斧的改革在這個階段是完全可以採用的，因為病入膏肓時只能下猛藥了：大規模的裁員，撤銷輔助機構，改革生產行銷方式等等。但是，我不希望到了企業的生死存亡之時，你才開始關注成本管理問題。這就好像當前的醫療狀況：一旦被抬上了救護車，你就要做好花大代價的準備。

總之，四個階段的成本管理可以從以下幾個方面特別關注：

表 不同時期的成本管理重點

時期	關鍵點	方法及對策
初創期	研發成本	針對潛在消費者的問卷調查
		產品的業績總結
	固定資產購置	選擇銀行借款購買時，計算銀行借款成本
		選擇不同的購買方式（融資租賃還是經營租賃），計算不同的成本
成長期	生產成本管理	計算研發成本、工藝選擇、產品設計下，不同的成本
		保證計畫的嚴格執行、壓低原材料成本
		綜合考評，計畫與實際的差異分析
		員工績效評價
成熟期	售後產品保修	定期向消費者電話諮詢
		定期維修服務
		及時升級回收廢舊產品
	促銷成本	降價促銷
衰退期	處置存貨和材料	出售或者內部消化利用
	處置固定資產	出售或者出租

第二部分

立竿見影 成本降下來

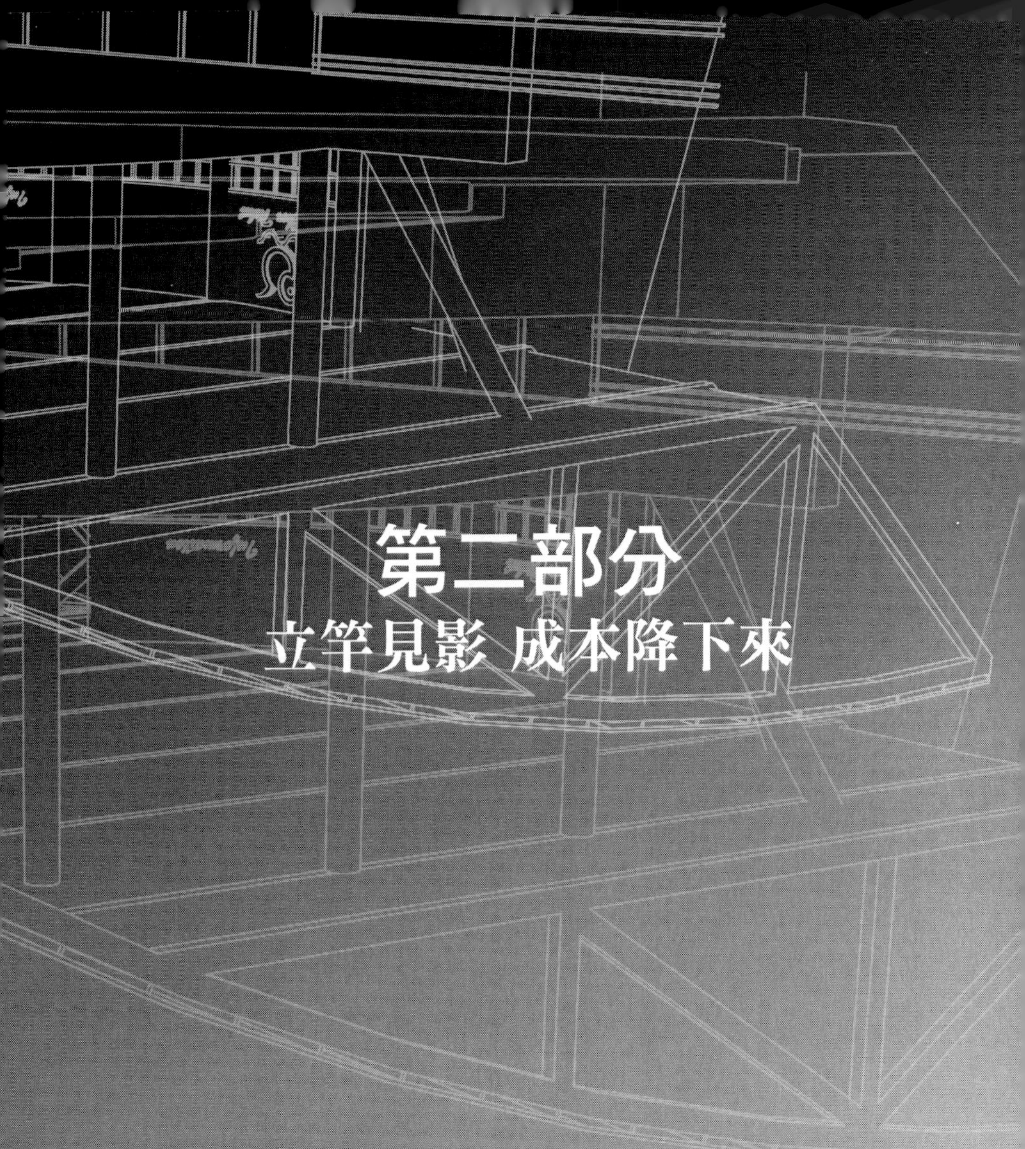

日常開支及價值鏈中的成本控制管理

正如身高和體重問題沒有絕對數字的優劣，只有相對數字的差異，一個健康的企業，通常都擁有一個比較良好的身高和體重比。不論是太胖還是太瘦，都不是我們企業的成本管理的健康狀態。同樣的身高，你卻比成功的企業重了那麼多，不得不說是成本控制意識缺乏，導致占用的資源太多，卻沒有辦法帶來與占用資源數量相匹配的收入和利潤。脂肪過多帶來極大的健康隱患，這也是一般企業——尤其是進入成熟期的企業——容易發作的富貴病。同樣的體重，企業也可能比一般的高很多，這同樣存在問題。有人會說，「瘦長型」的人更健康，其實卻不一定，因為體質瘦弱可能代表了人體的吸收消化功能不佳，導致資源白白浪費卻沒有帶來收益，有時候，在「饑荒」年代，瘦弱的人由於缺乏足夠的脂肪儲備，更難以熬過青黃不接、物質匱乏的日子。

你太胖了：是不是冗員太多，機構臃腫。許多企業在進入成熟期後，揮霍無度的習慣業已養成。一個人的事找兩個人辦，兩個人的事找一群人辦，這是老企業的通病。德國的人力資源專家透過研究發現，公司業績隨著工作人數的增加並非完全成同比增長。對於員工數量，存在一個最優的轉折點。在轉折點之前，增加員工數量可以提升公司業績，但是經過轉折點之後，增加員工不僅不可以提升業績，反而減損了你的收入——勾心鬥角、推卸責任、搬弄是非、人浮於事，這都是老企業，尤其是國有企業的通病。

你太瘦了：生產線過長，流程過於繁瑣，銜接的摩擦成本太多，而導致雖然流程長，但是經過層層的摩擦，產品的價值已經發生貶損，無法充分流到消費者手中。與相等的收入向匹配就是流程，收入一定，占用了過多資源，不得不說是一種浪費。因此，這種羸弱和落後的生產方式導致企業在危機前不堪一擊。二〇〇九年的金融危機中，很多中小企業紛紛倒閉，原因大多是產品的價值增值度不高，低附加值的產品無法在縮減的消費市場上站穩腳跟。縱使我們企業的成本比較低，但是顧客滿意度和商品品質也很低，那麼這樣的企業和風吹即倒的林妹妹有何差別？

身高體重比是反映企業成本管理健康狀況的一個重要方面。從身高體重的相對比值，我們可以大致估算出企業目前的健康水準。同樣的，你的企業可能過於臃腫或者瘦弱不堪，最終的結果都是投入產出比達不到我們追求的目標。但是作為老闆，往往也不明白究竟是什麼地方出了問題。

夏天傍晚的路邊，你總能看到測量身高體重的機器。透過這種測量，我們很方便地就可以知道自己的身高體重是不是在健康的範圍內。但是，你睜大無辜的雙眼看著我：「我怎麼知道我的企業是瘦是胖啊？」請你看看你公司的財務報表吧，它不是僅僅用於搪塞你的工商主管部門和稅務局的。這幾張報表，尤其是損益表，可以比較迅速地展示出企業的全貌。透過這幾張報表的分析，你完全可以在幾秒鐘之內解決剛才自己提出的問題。

　　日常開支環節特別容易形成企業成本控制的薄弱點；而價值鏈分析則有助於企業識別出供產銷中的成本冗餘。對於企業來說，不論是職員管理和機構設置過於臃腫，還是創造價值能力過於單薄，都是必須關注的關鍵成本控制問題。

創見五：不加工資提效率，就是降低成本

對於機構過於臃腫的問題，相信很多老闆都已經有所耳聞。冗員早就是很多老闆關注的問題了。人力資源的專家建議精明的老闆們不要聘請那麼多的員工、付那麼高的工資。你怎麼知道你的員工拿的工資太高了？請看他的工作績效。人力資源專家的調查發現，普遍的來說，員工工資是該名員工創造的工作績效的五分之一。在這裡，有人會問我，多拿工資，員工是不是就更努力的工作？我可以很負責任的告訴大家：不一定。早在上世紀，就已經有多位管理學的研究者對工作績效和員工工資的關係做過研究。大量的研究都證明，工資和績效之間的關係非常複雜，兩者之間的關聯可能有包括多種中間影響因素，透過這些因素進行傳導之後，工資增加才會增加績效。工資只是激勵員工的眾多方式之一，如果只是單純的增加人工工資，不一定會增加員工自願工作的時間。退一步說，即使員工增加工作時間，也不一定就增加了工作績效。

說那麼多，就只有一句話有用：你別費心思給員工長那麼高的工資了，人家不一定領情！亨利福特懸賞兩萬五千美元，獎勵給任何一個可以減少一個螺絲釘的員工。所謂重賞之下必有勇夫的道理，也就是說要不就不付錢，要不就付到夠為止！員工最討厭的就是那種想大幅提升績效又表現的十分吝嗇的老闆，如果亨利把那兩萬五千萬美元的懸賞金改成零點一美元，不僅不會鼓勵員工鑽研技術甚至流傳為管理學界的佳話，反而

這種宣傳可能被認為不值一提甚至被員工所鄙視和詬病吧。

你不信？有案例為證：

再說前文提到的行業成本控制先鋒——西南航空，它的平均工資福利四萬三千美元，相比同業競爭對手德爾塔公司的五萬八千美元，以及行業平均四萬五千美元，從這個角度看，該公司員工的薪酬是相對比較低的。但是在如此吝嗇的薪酬制度下，該公司卻擁有極低的員工外流率，這實在令人稱奇。

仔細研究該公司的文化氛圍，我們才發現，該公司的工作環境比較舒適，員工的滿意度很高。西南航空公司的首席執行官赫布．凱萊常被員工稱為「赫布大叔」。鼓勵公司形成一個愉快的工作氛圍。在節日期間，他總是鼓勵員工彩排小鬧劇，在機艙裡表演節目，不僅使乘客們感到節日的氣氛，又讓員工在一種輕鬆快樂的環境下工作。因此，該公司的雇員流動率僅為百分之七，是行業最低水準。

通過西南航空的案例，你得到什麼資訊？如果你想給公司減減肥，縮減點成本支出，完全可以在職員薪資上動腦筋。

減薪資，但不一定意味著減「福利」。上文說到上世紀的管理學家已經為你做好了研究，他們的研究成果完全可以作為你增加管理水準的指南。這些研究成果主要涉及到員工的激勵問題。好比西南航空的案例：公司的成本支出很少——平均薪資低，但是員工的滿意度卻很高——工作時感受到的舒適度已經彌補甚至遠遠超過了低薪資帶來的不滿意。事實上，在案例中，對於員工來說，工作和休息已經基本等同，員工很享受上班的時刻。因此，在低薪資水準下仍舊可以達到很高的工作績效——公司利潤基本穩步增長。因此，我們可以發現，員工的「福利」由多種因素組成。要解釋這個問題，這就涉及到馬斯洛的需求層次理論了。

介紹一下馬斯洛需求層次理論。舉個例子簡單地說，你的企業有這樣三個員工：小張剛從大學畢業，家境不太好；大劉年過三旬，卻還依舊單身；老王已經年近退休，是公司元老幹部。作為老闆的你，如果要激勵以上這三人，你該採用什麼辦法？大赦天下般地漲薪資有用嗎？答案當然是否定的。你最需要做的事是體察民情：你的員工最需要什麼？對於急需賺錢的小張來說，提高薪資無疑是比較好的選擇。其次，大劉的單身情況則不是漲薪資所能解決的，你不妨試做採用這種方式。在安排公司聚會的時候，你當著大劉的面，對著在場未婚的女青年們說：「大劉是我們公司的可塑之才，將來一定有很好的發展前途。而且小夥子又很細心善良，特別會照顧人。」相信我，這樣一來可能比給大劉長一倍的薪資還有效。最後，對於即將退休的老王來說，子女基本已經工作了，現在自己的任務也就是等待著光榮退休含飴弄孫而已，而公司的薪水都已經基本是浮雲了。請問處於這個階段的老同事最需要的是什麼？被尊重的感覺。如果你在公司有什麼重大決策的時候，也不妨問問老同事的意見，一來老同事的經驗豐富，他們可以提出很多有用的意見，二來他們也希望受到公司的尊重。

以上的案例就是馬斯洛需求層次理論的簡單應用。透過這個定理的運用，我們可以很明顯的看出，不花錢也一樣可以使員工滿意，那麼你為什麼要花錢呢？

無謂的加班也是典型的雞肋食品，不要隨意讓員工無謂地加班了。在員工不心甘情願地加班時，增加工作時間不僅不能為公司創造價值，反而令員工更加反感，甚至導致進一步降低目前的工作績效的水準。有的老闆會說，好，如果員工加班，我願意付加班薪資。那你打算給多少？給的多了，你從加班那裡賺的利潤還不夠發加班薪資的，給的少了，員工可能怨聲載道甚至暗地裡拖拖拉拉：反正都要加班，我就坐的慢一點，原來一小時完成的任務拖成兩個小時。即使再加班，完成的工作還是那些。所以，加班薪資是很容易弄巧成拙的，給多少加班薪資需要很好的拿捏。你要是不具備極高的人格魅力和群眾威望，最好不要輕易使用「加班」這個手段。

另外，要培養員工的忠誠度和上進心，懲罰機制是一種很好的控制方式。裁掉不適任或者不負責任的員工是一種懲戒機制。「你不用來上班了！」這樣的話也許比較有殺傷力，但是對於有些情況下，尤其是對企業造成重大傷害的負責人來說，解僱也只是輕描淡寫的一筆——反正我本來就是個小員工，薪水也不高。我就是想玩玩，所以才在企業故意搗亂，你大不了解僱我，此處不留爺自有留爺處，你能奈我何？對於這樣的搗亂心理，特別是他的態度就是「光腳的不怕穿鞋的」，你該怎麼應對？

所以我偷偷告訴你一種陰毒的方式，正所謂不花錢也能玩死你。請看下面這個案例：

有一天，員工提姆來到老闆辦公室，偷偷告訴老闆，說前幾天看到技術研發部的傑克偷偷拿走公司的文件，轉手賣給公司的競爭對手。傑克盜竊的資產雖然金額不大，但是卻洩露了商業機密，影響比較惡劣。老闆是個猶太人，他精明地轉了轉眼睛，笑著說好了我知道了，然後讓提姆回去了。在回去的路上，提姆想著大概老闆會很快裁掉傑克。可是，第二天，在例行會議上，老闆不僅沒有解僱傑克，反而笑眯眯地拍著傑克的肩膀，對傑克的工作業績大加讚揚，並且將傑克從普通研發人員升級為該研發小組的組長，薪水也是跳了三級。當天晚上傑克十分開心，甚至邀請該部門的人員一起聚會吃飯。雖然提姆也參加了派對，但是自己在心裡卻非常納悶，他不明白為什麼老闆對盜竊企業機密、吃裡扒外的背叛者不僅不恨之入骨進而嚴厲懲戒，反而默不作聲甚至大加褒獎。

第三天的例行會議剛剛開始，老闆就冷若冰霜地宣布了傑克偷竊公司重要商業機密的事情，並且當場將傑克解僱。會後，提姆私下找了個機會去見老闆。他問老闆：與其要大費周折地先給他升職漲薪資，再將他解僱，為何不直接在第二天立即將傑克解僱。老闆耐人尋味地笑了笑，說：「傑克是一名基層技術人員，他的職位很低，薪資也很少。如果立即解僱了傑克，他頂多覺得自己不再賺著低薪資做底層的工作了，即使被解僱也滿不在乎。但是，當我讓他升職做了組長，並且給他三倍的薪資，讓他覺得如果自己失去了這個工作，就比之前失去了更多。所以在第三天，當我解僱他的時候，他覺得自己失去的是一個中層管理者的職位和一份優厚的薪資待遇。你看，雖然在我看來，這兩種方式同樣是使他失去了這份工作，但是我選擇的方式讓他的挫敗感大幅提升，這不就是對他最大的懲罰了嗎？」

我們可以很明顯的看出，這個猶太老闆還沒有付出一分一毛，就能使得員工的態度發生顯著變化，不用花錢就可以玩弄員工於股掌之間，這也是一種管理技巧。動動心思，把光腳的人變成穿鞋的人，無賴也能被你制服。

創見六：領導多「走動」，傳令成本砍下去

老闆，就要對自己狠一點。作為領導的你，首當其衝就不能浪費。相信很多成功的企業家已經成為你懸梁刺股的偶像了，你完全可以學著比爾蓋茨穿普通的休閒裝上下班，那麼你的企業員工也不好意思在你面前穿名牌西裝了。對於不整潔毋寧死的日本人來說，日本前首相小泉純一郎在位的時候甚至在夏天建議不打領帶上班，以降低空調的能源消耗。不需要名牌西裝，無疑也使員工的生活成本降低，無形中又節省了一筆潛在的開銷。

有的人力資源專家喊出這麼個口號：讓員工賺著賣白菜的錢，操著賣白粉的心。這雖然有點極端化了，但是道理是不假的。剛才說到你發的薪資應該是他創造利潤的五分之一，就是這麼個道理。但是前提是，你的員工很滿意這份「賣白粉」的工作，這就需要你這個領導（以及下屬的中層管理者）率先示範、以身作則、以德服人了。自己很浪費，怎麼能要求下屬很節約？自己很怠工，怎麼能要求員工很努力？

所以，讓領導們多走動走動，提高活動量，對於肥胖的公司來說是減肥的必經之路。

鋸掉椅背，提高開會的效率；多走走，深入基層和員工們打成一片。

麥當勞的董事長雷·克羅克發明了「走動管理」。他討厭整天陷在軟皮椅子裡聽著令人昏昏欲睡的長篇大論，於是他大膽地提出要求：把所有中層以上的領導的椅背鋸掉。他的要求就是：中高層的管理者們應該至少有一半以上的時間要走出辦公室，在實際中了解員工的工作狀況，並為他們加油打氣。

事實上，這種走動管理已經成為一種新型的管理方式，透過深入基層了解情況，可以迅速知曉變化多端的市場。同時，資訊在傳播過程中會隨著傳播管道的縮短而減少誤差。不論是有意還是無意，資訊在傳遞過程中會發生減損、遺漏甚至扭曲。究其原因，首先可能是不同人的理解存在偏差，其次是「報喜不報憂」。因此，走動管理可以使得領導層更加貼近市場和生產，準確把握市場變化和技術變革，有效減少由於資訊傳播失真而導致的錯誤決策。

同時，走動管理也是情感維繫的一個重要手段。透過頻繁的上下級交流，使得員工隨時感受到領導層的關注和認可。這也就達到了員工關係管理的目的：不費加薪資的成本，就能夠促進員工的滿意程度。

走動管理並不是閒逛管理。事實上，一個成功的走動管理需要這四個原則的約束：「多看」，「多聽」，「多問」，「多想」。

在「走動」中，你需要了解一下幾個問題：

走動中需要觀察什麼？

首先，與員工溝通，接受員工的意見。當領導與員工脫節時，最重要的問題出現了：如何堅持「疑人不用、用人不疑」。「走動管理」就是消除「疑慮」的最佳手段。在管理者和員工的隔閡中，「疑慮」是罪魁禍首。溝通和了解，有助於消除疑慮、建立管理和被管理的情感紐帶。

其次，規章制度是否按要求遵守，生產環境是否符合規範。每期的書面遵守報告並不完全可靠。要知道員工是否正在遵守制定的規章制度，管理者自己下去看看是最快最好的選擇。作為規範的制定者，管理層第一手獲取的回饋資料比經過層層傳達的實施結論報告更加有含金量。

最後，工作的品質是否得到保障。對於成本控制來說，工作品質就是保證低成本完成高品質工作的首要要求。領導層的走動管理可以及時發現生產服務環節的品質瑕疵和隱患，也可以立即發現通過制度控制層面難以發現的各種形式的浪費。

往哪裡「走」？

在走動管理中，應當注重「點」與「面」的結合。所謂「點」，就是管理重點、利潤重點、成本重點。從成本控制角度來說，管理重點就是自己的職責範圍內應當關注的重大問題，比如生產部門經理應當在車間多「走動」，銷售部經理應該較多地在行銷現場「走動」；利潤重點在於企業創造利潤的主要環節，例如主打產品及服務的生產和銷售過程；成本重點容易形成浪費的管理薄弱點，例如辦公室開支和職工福利費用的管理。

「走」完了收穫了什麼？

想要得到走動管理的有效成果，對於實施走動的管理層的考核機制是必不可少的。在貫徹走動管理的同時，相應的考核機制也必須隨之落實到中級幹部的肩上。一方面，考核機制防止「走動管理」流於形式，有助於使得走動時觀察到的問題及時形成書面意見，並且得到解決和回饋。另一方面，將「走動考核機制」公開，給員工們一種「時刻被關注」的感覺。走動管理將「監視」轉化為「關注」，不僅有利於監督員工完成工作的效率，也顧及到了員工的需求，收集來自第一線的員工回饋。

大部分的「走動管理」考核規範都套用了一種報告模式。要求走動的管理層填寫走動管理報告書，並且編製「走動打卡」，一式兩份，一份交給走動現場的員工填寫並且保存，另一份自己留底。同時，在固定時間內在管理層內部舉行定期彙報分析和總結評議，及時將走動中發現的問題提上管理議程。

雖然走動管理起源於西方，在實施層面上更加貼近中國的傳統文化要求：身先士卒、體恤下屬。許多企業管理學者的研究發現，企業的管理更需要針對人性的管理方式。由於企業集體意識比較濃厚，大部分員工不太注重發展個性化和獨立積極的工作心態，因此需要具有領導作用的管理層進行指導和帶領，「幹部與群眾」關係的維繫和呵護十分重要。

當然，走動管理是最容易實施的管理方法：最容易以低成本達到管理高效果，也最容易由於「被走動」而流於形式。但是，畢竟走動管理是降低傳達成本、實施成本也不高的不二選擇，值得管理層放手一試。

創見七：區別管理客戶

信用水準低的客戶、產品品質低的供應商，都是有害企業的身心健康的。對於肥胖的企業來說，價格很高的銷售訂單和價格低的採購訂單很可能是一個「甜蜜的陷阱」。因為價格高的銷售訂單可能來自於一個不守信用的客戶，報價低的供應商可能是以削減產品品質為前提降低價格的。得到這些訂單，銷售人員和採購人員都很開心，因為這是他們的業績，並且公司「貌似」減少了成本。但是當銷售訂單的欠款收不回來， 財務部門卻受到苛責；生產時的報廢率陡增，產成品的品質降低，進而導致顧客訴訟或者降低公司聲譽，此時生產部門變成了始作俑者。這種「陷阱」既直接損害了企業的利益——直接地浪費了企業的資源，又間接促成不公平績效評價體系——間接地損害了企業員工的工作熱情。

因此，說到客戶品質，我需要特別提到這個概念：客戶關係管理。

客戶關係管理——客戶不總是對的：在你的損益表裡，客戶顯得十分重要，他主要構成了你的營業收入、營業利潤和淨利。但是即使如此重要，很多企業實質上並不了解自己的客戶。你在瀏覽自己的顧客名單的時候，有時候根本沒有想到過究竟具體什麼樣的顧客帶來具體多少的收入和利潤，只是表面的了解：「哦，這個月的收入增加了，可能是客戶又增加了吧。」

實際上，客戶是需要分類的。不同的客戶帶來的收入是截然不同的。市場行銷廣泛流傳 80/20 原則，闡述的就是：百分之二十的顧客群體，為企業帶來百分之八十的收入；剩下百分之八十的顧客可能只能帶來百分之二十的收入。所以，在我們成本管理看來，關鍵的部分就是緊緊抓住那百分之二十的客戶，創造百分之八十的利潤，也就是把錢都花在刀口上。

同時，從另一個角度分析，顧客的價值被區分為高價值、中等價值、低價值和負價值。相信你從名字上就可以知道這四種類別的顧客為企業帶來的價值是依次遞減的——到了最後，持有這樣的顧客甚至可能減損企業的利潤。這就是客戶關係管理的分級管理理念：對待不同的客戶用不同的策略。

就好像鄭板橋那副有名的對聯：「茶、上茶、上好茶，坐、請坐、請上座。」傳說鄭板橋在四處遊歷之時，有一天傍晚，鄭板橋來到一處寺廟投宿。寺廟住持看到來訪者衣衫襤褸，就輕蔑地說：「茶，坐。」等到坐定之後，住持發現來訪者博古通今談吐不俗，故而對招待的弟子說「上茶」，對鄭板橋說「請坐。」最後，當他知道來訪者竟然是大名鼎鼎的鄭板橋時，他趕緊轉頭對弟子說「上好茶」，對鄭板橋說「請上座」。第二天，鄭板橋和寺廟住持告別之際，住持懇求鄭板橋留下一副對聯作為珍品，鄭板橋略作思忖之後大筆一揮：「茶、上茶、上好茶，坐、請坐、請上座。」這副對聯本意是勾勒出住持「只認衣裝不認人」的勢力，其實也可以反過來理解，對於企業來說，為了實現利益最大化，不同的顧客本來就需要區別對待。

我們的成本管理就要求對這些客戶區別對待：對於高中價值顧客，我們應該盡力培養發掘並且努力保持；對於低價值顧客，提升價值是關鍵；對於負值客戶，應該努力將其轉變或者拋棄。

在銀行信用卡部門或者貸款部門工作過的一些人應該知道，學生和低收入者的貸款信用等級不會很高，因為這些群體具有比較高的違約風險，也就是很可能還不起錢。所以，有些銀行就唯恐避之而不及，但是，加拿大皇家銀行則採取另外的措施轉變這些低價值的顧客。比如：針對醫學院或牙科學校在讀學生以及實習醫師，皇家銀行開發了特殊的金融產品。因為這些醫學院學生和目前收入較低的實習醫生雖然目前的經濟狀況可能令人堪憂，但是在可預見的未來卻很有可能成為優質客戶。因此，加拿大皇家銀行放長還貸期限，將顧客群體由劣質變為優質，獲取了極大成功。

在這裡，高價值的客戶就是我們企業的健康食品，也是我們賴以生存的能量來源；而負值客戶就是企業的垃圾食品，你的企業吃了這樣的食物，不僅不會帶來益處，反而有害身體健康，妨礙原本正常的生理機能運轉。故而，我的建議就是，多吃健康食品，也就是發掘高品質的客戶群體，少吃甚至不吃垃圾食品，善於對負值客戶說不。

那麼，如何保證我們企業擁有許多高品質的客戶呢？你的企業需要長期保持健康，那就要保證對於健康食品的長期攝取。

在我們的企業日常的客戶管理中，又流傳這麼個概念：企業開發一個新客戶，需要花費的成本是維持一個客戶的五倍的甚至更多。更少的成本獲取更多的收入，這就是我們成本管理的關鍵。在這個需要對客戶進行廣泛撒網、重點培養的時代，行銷部門費盡心思擴張的市場可能是得不償失的：銷售費用已經遠遠大於增加的客戶帶來的利潤。因此，引申出一個行銷概念：客戶的終身價值。

顧客的終身價值，換句話翻譯就是，不斷鞏固我們的現有顧客，不斷挖掘客戶的價值，使他採取再次購買或者推薦購買的行為。

一個行銷學小故事：行銷人員們一天的工作歸來，開始交流業績。有一個推銷員的業績尤為突出：一天之內的業績是普通推銷員的十倍！更令人吃驚的是，這十倍的業績竟然都來自於同一個客戶。經過這名銷售人員的　述，我們才發現這個結果既在意料之外，又在情理之中。原本這個客戶打算給太太買一瓶治療頭痛的阿司匹林。在售出頭痛藥之後，推銷員和他聊天時說，治療頭痛的最好方式就是去散心。然而，銷售員又提到了在平靜的湖面釣魚是很愜意的事，於是，這個顧客買了一根釣魚竿，同時，又買了釣魚所需的必備工具和魚餌。最後，當銷售員了解到這個顧客的住處毗鄰一個湖泊的時候，他勸說，既然考慮可以長期在湖邊散心，不如買一個小遊艇方便釣魚。最後，這個顧客思忖了之後欣然答應購買了。從一瓶小小的阿司匹林出發，這名銷售員竟然推銷出去一輛遊艇！

　　這也就是為什麼你的電話總是收到以前去過的商店的促銷簡訊了，也解釋了為什麼幾乎所有的商店都積極推銷會員積分卡。識別出高價值的客戶、保留長期客戶、不斷挖掘客戶價值，這就是成本管理應用於客戶關係的最佳實踐。

創見八：除掉生產鏈上的「寄生蟲」

有的企業表現的是這樣的，彷彿成本已經壓的很低了，每個環節的生產都是奔著節約去的，但是利潤就是上不去。這種情況下，你就要考慮你的企業是不是罹患了「消化不良」症候群：生產行銷鏈太長，導致企業的消化吸收功能太弱。

從「白菜價」到「白菜的價」：

隨著物價的上漲，CPI 成為了這幾年大家最熟悉的英文縮寫之一。街頭巷尾的菜籃子話題大多是關於居民的基本生活必需品。你應該已經領教了流通環節成本的魅力。舉個例子，白菜，作為普通老百姓的食品，基本是屬於生活必需品的範疇。最近，白菜生產過剩，大量堆積在田間地頭任其腐爛，滯銷的白菜成了當地菜農的心病。可是，記者卻發現，這些在田間的白菜價格極低，當這些白菜擺在消費者的面前時，卻又極貴。其中數倍的差價從何而來？實際上，菜農得到的收入可能僅僅是幾塊錢，剩下的利潤則是被中間的環節吸乾了。

你購買的白菜中，至少包括下列成本：

1、白菜收購價；

2、運費（包括裝卸費、司機薪資、油錢、過路費；當然養車還有鐵、公路的保養費、保險費等等）；

3、運輸途中的損耗（比如水分損失、菜葉擠爛等等）；

4、倉儲費（運過來不會立即賣掉）；

5、零售商的運費（由批發到零售的二級市場）；

6、各種銷售環節費用（如果菜販在菜市場賣，那還有攤位租金和市場管理費；如果菜販在馬路上買這上筆支出就省了，所以通常馬路上的菜要比菜市場便宜，但是也有支出啊，那就是警察開罰啊！也有些菜是超市賣的，一樣有運輸、挑選、冷藏、保管費用，還有售貨員的薪資）；

7、整個流通環節中必須的利潤（總不能白做吧）。

所以說，原來白菜不是一定以「白菜價」銷售的，「白菜的價」可能不等於「白菜價」。還原到我們成本控制角度，你願意讓這些中間鏈條把你的成本從本來的「白菜價」變成「白菜的價」嗎？

因此，你需要做的就是仔細梳理企業的生產鏈條，把不能帶來增值的部分果斷砍掉。增強企業的消化功能，讓企業的腸道不要那麼長。

其實，為了縮短「消化腸道」，已經有相當成熟的理論支持了。其中一個最有影響力的管理學概念就是供應鏈。

關於供應鏈，我就不說他的管理學解釋了——我相信即使我說了你也不一定記住。我們只要對這個概念有個感性認識即可：供應鏈在某種程度下其實就是你的產品所經歷的所有階段，包括從市場調查開始，到接受訂單、選擇供應商、購買原材料、生產產品、運輸商品，到最後的收回貨款。其中涉及到的單位就是一整套流程中的所有部門。供應鏈管理的理念應運而生了：

就是對這個流程進行整合，以整條供應鏈上的總成本最小化為目標，將所有單位集合起來，面向客戶，最終實現客戶的價值最大化。

這樣的管理理念有什麼好處？直觀上說，將我們的企業流程化為一條供應鏈，無疑平滑了整個企業的流程，減少了部門之間的摩擦。

生產部門來自火星；銷售部門來自金星；設計部門來自水星……而作為老闆的你需要把他們都集合到地球上。作為老闆的你回憶一下，這樣的場景是不是很熟悉：

在每次的管理層會議上，生產經理總是向你抱怨原材料的品質太低了或者根本不符合生產規格，導致報廢率居高不下，但是進貨部門卻說該材料的供應商給我們企業的價格是最低的。或者設計部門把設計圖紙拿到生產部門去之後，生產部的員工卻發現該種工藝既費時又費力，根本沒有可取之處，所以在你面前大吐苦水。

針對這樣的爭端，供應鏈管理就是最好的解決之道，平滑整合企業的經營步驟，以達到各部門的配合默契。摩擦成本也是我們成本管理需要縮減的條件之一。

故而，針對上文的部門經理開會時的爭吵，可以考慮以下解決方式：公司在收到客戶訂單的時候，就應該把原材料的規格解析出來，立即交給採購部門，要求採購部按要求選擇供應商。研發部門在設計某種產品的時候，要參考生產工人的意見，以避免設計人員天馬行空、生產師傅怨聲載道的情況。

總之，供應鏈管理的關鍵就是把你的顧客的需求反應在企業經營的源頭，所有的部門面對的都是同樣的客戶。這樣的話，企業更加滿足顧客的需要，不合格產品的數量減少，浪費在品質維護上的成本顯著降低；同時，部門與部門之間的銜接更加緊密，合作關係更加融洽，減少了部門之間的摩擦成本。

再來看一則激勵人心的成功案例：

戴爾電腦使用的是直銷的經營模式，平衡一切流程，最大程度地避免摩擦。戴爾就是供應鏈管理的一個成功典範。根據美國一家市場研究公司科技商業研究（TBR）分析師葛雷指出：「戴爾的創新在於它改良生產流程的能力。」戴爾對於節約成本的拿捏，可以落實到只有十美分的事情上，還有怎樣減少螺絲的使用量這樣細微的事情。一言以蔽之，戴爾電腦把整個個人產業變得不怎麼像矽谷，反倒是比較像底特律（美國的汽車工業城）。流程化管理方式使得戴爾取得了巨大的成功，以至於戴爾根本不用在其他方面絞盡腦汁了，甚至連技術研發都採用外包——臺灣廣達就是負責戴爾電腦研發的企業。戴爾要做的就是把不同的原件組裝起來送到消費者手上。

創見九：不花錢也可以討好客戶

增加你在消費者眼中的「分量」，提高產品附加值。

這些年，國外的消費者終於對中國產品刮目相看了——因為老外也喜歡便宜貨。在那些已開發國家，雖然總是有人喊著知識產權勞動平等，但是也架不住便宜貨對普通消費者的吸引。可是在二〇〇八年的金融海嘯中，大多數從事海外貿易的企業卻也抵擋不住破產浪潮而紛紛倒閉。再說最近的國際市場，隨著人民幣的升值，出口商品數量進一步降低了，這又是對廣大中國的中小企業的考驗。雖然現在有很多外國消費者使用中國產品，但是卻也認為中國產品質次價廉，他們把中國產品認作經濟學中典型的「劣等品」——在窮的時候用用無妨，一旦有點錢就不會選擇購買了。聽到這個，估計很多企業不會甘心，但是這也是個事實。我們的企業在海外市場遭受到的冷淡的待遇，無非就是說明我們的企業沒有什麼競爭力，我們的產品在消費者心中就是無關痛癢的。

因此，你可以發現，單純的壓低成本是一個競爭優勢，但是可能也是我們企業的產品淪為「便宜貨」的代名詞。就像有些單位食堂，東西是很便宜，但是其品質也是「無功無過」，僅僅是作為懶惰時填飽肚子的去處。

好吧，在這裡肯定有人急著問我：成本控制是以成本最小化為目標的，既然成本那麼低，我哪裡還能讓我的產品變得那麼有吸引力啊？我也反問你一句，為什麼成本低就不能做出令顧客心滿意足、刮目相看甚至銘記在心的產品呢？

再說說上文的戴爾的案例。我覺得戴爾就是電腦銷售界的沃爾瑪。別的電腦靠的是技術和設計，戴爾憑的就是低價。但是低價格並不意味著需要以犧牲顧客需求為代價。戴爾公司建立了自己的客戶資訊分析系統。透過資訊分析，戴爾不僅能賣最便宜、最新的電腦，它還能獲得客戶「購買行為型態」、「產品偏好」、「替換新機週期」、「策略轉折」的一手情報（甚至客戶下單時的「口頭禪」），加上與策略大夥伴英代爾、微軟的互通有無，戴爾每次總能掌握市場世代交替或客戶公司轉型的關鍵採購時刻，「一切，都是讓客戶一進來，便不再三心二意跑去競爭者那裡！」故而，管理學家們認為：戴爾的獲利因而不是毛利的增加，而是營業額——即極度忠誠客戶數的增加。

善於增加自己產品在顧客心中的價值，不一定靠的是金錢的投入。友好的產品設計和貼心的售後服務都會顯著增加顧客對我們企業的好感。沃爾瑪要求自己的員工，在面對顧客時微笑必露齒，甚至還制定了一套標準：「微笑時請露出八顆牙齒。」因為根據研究，露出八顆牙齒的微笑是最有親和力的。

瑞典著名傢俱廠商宜家（IKEA）以低廉的價格和時尚的設計著稱，在許多年輕人心中有很高的市場地位。宜家採用低價策略，同時其產品又極具設計感和創造力。宜家看準了自己的市場是廣大年輕消費者，而該客戶群體偏好低價格的產品，同時又追求充分體現個性的設計感。經過研究表明，年輕顧客更喜歡親自組裝傢俱，因為這不僅是體驗自己動手樂趣的好機會，又可以充分滿足他們獨一無二的個性需求。同時，對於廠商來說，減少組裝費用也是降低成本的一大途徑。故而，宜家順水推舟，將原本作為組裝費用的部分「讓利」於顧客，在增加產品個性的同時降低價格。另外，宜家採用超市式的行銷方式，在保證顧客服務需求的前提下減少了服務人員的數量，從客戶角度來說，宜家創造了一個寬鬆的購物環境。更可貴的是，宜家了解到，自己的顧客群體中大部分是剛結婚的年輕夫婦。在美國，這些年輕夫婦由於手頭並不寬裕，可能付不起臨時保姆的薪資，故而在購物時通常會帶著自己的孩子。因此宜家在店內安排了免費照顧孩子的遊戲室，以體現宜家的人性化服務，更加貼近顧客的需求，達到了較高的顧客滿意度。

羸弱的企業是沒法在激烈的市場競爭中生存下來的，你要讓你的企業變得壯起來，高品質、顧客認可的產品和服務就是你在客戶心中的分量。

在細節處考慮到顧客的貼心需求，默默地給予客戶關懷，這都是顯著提升客戶好感度和忠誠度的有力武器，而且更重要的是——不一定需要花錢。因此，把你的產品變得便宜又好用，這就是你的企業的下一步的目標。

資產管理中的成本管理

對於一個健康的人來說，正常的血液流通是既順暢又保持了一定的速率的。現在的中老年人易發生血栓病，也是由於血液流動不暢、血管堵塞而致使人體的循環系統發生故障。對於我們的企業來說，不斷變動的資產價值就是企業流動的血液。企業需要保持一定的資產周轉率，資產周轉得比較迅速意味著相等的資產價值可以帶來更多的收入和利潤。同樣地，呆滯的資產流動就是企業堵塞的血管。企業最容易面臨的問題就是資產的周轉率不高，資產的價值創造功能過低，這也是我們的成本管理的健康隱患。

對於一個有競爭意識的老闆來說，與同行業的平均水準或者最佳的企業進行比較，可以及時發現自己企業的健康問題。與行業的資料相比，過低的資產周轉率，可能說明我們企業的盈利能力不高，或者資產的利用效率太低。在成本控制的方面，我們需要做的是檢查企業的資產是否高效率運轉，閒置的、落後的、容易發生故障的資產都是企業的健康隱患。這些劣質資產的價值已經構成了企業的血液凝塊，會慢慢沉澱在企業的血管壁上，隨著日復一日逐漸的累積，企業的價值變動會顯著降低，廢舊的資產阻礙了企業健康活力的血液流動，極大地阻礙了企業的健康發展。在這個時候，資產活化、增加血液流動十分重要。

對於企業來說，價值不斷地變動，主要體現為幾種資產的周轉：存貨，固定資產，應收和預付帳款，總資產。一般的存貨周轉率表述的是銷售實現的成本和存貨價值的比值，以此體現對於一定存貨下的成本管理水準的優劣高低。這個指標和生產的產品以及儲存的存貨有密切關聯，它可以反映出我們的庫存是不是太多。對於我們企業來說。商品可能生產的太多卻賣不完，這就占用了我們企業的資金。固定資產周轉率一般反映的是固定資產帶來收入的程度。比較高的固定資產周轉率說明企業的固定資產是必須的並且高度運轉，換句話說，就是企業的固定資產基本是「物盡其用」的。相反，低的周轉率說明企業的固定資產可能就是企業的束之高閣的閒置品，白白占用資源卻沒有完成自己應有的使命。這就是我們企業亟需關注的成本管理重點。應收和應付帳款，是本企業和上下游的供應商以及顧客之間，進行經濟交往的紐帶。因此，應收帳款的周轉率體現為賒銷收入和應收帳款的比值，表現了企業收款的及時性，反應了我們企業的客戶關係管理的成效。低的應收帳款周轉率，可能暗示我們企業的賒銷政策和收款政策不匹配：你的銷售經理為了提升銷售業績，不惜採用過多的賒銷方式，招攬大量低信用等級的顧客。但是當收錢的時候，面對遲遲不肯還錢的顧客時，財務經理卻因此背上黑鍋。至於總資產周轉率，體現了總收入和總資產的比值，是一個寬泛的指標。所謂寬泛，是指根據這個指標，我們可以大致了解企業資產運營的基本情況，但是具體如何，還需要進一步的分析解釋。譬如該指標數值較低，則說明企業資產運營不佳，就提醒你需要關注企業的資產運營能力，但是究竟是哪類資產運營不佳，必須結合具體資產的周轉率來查明。雖然如此，這個指標卻可以令你在一秒鐘之內了解本企業的資產運營的粗略狀況，是我們發現企業的血液循環問題的指示燈。

當然，這樣分析的前提是，你需要了解一定的財務知識。雖然你告訴我，你並不擅長財務管理學，甚至一竅不通，所以根本不知道這一系列的資產周轉率的計算和比較等相關知識。如果是這樣，那麼你的財務經理應該很清楚這些指標的計算。什麼？你的財務經理也不會？那你還等什麼，一個連財務指標都不會計算和分析的財務經理就是傳說中的冗員。當然，我也會在後面的篇章中介紹一些簡單的財務資料，「授人以魚不如授人以漁」，對於企業家來說，要了解一些財務資料是十分重要的，因為財務資料是體現著企業成本管理的健康指數，也是指出企業的健康隱患的重要標誌。關於一些關鍵的財務指標的原理和分析，我會在後面的章節說到這個問題。

創見十：別讓庫存占用資金

你說血管堵塞會導致什麼問題？電視上不停地播出由於血液黏稠而致病甚至致死的事件。我相信血液循環不通暢已經成為現代人死亡的重要原因之一。你的企業也不例外。有人看著自己企業的資產負債表的最後一欄，還挺得意：多大的資產規模啊。所以有的企業家動輒喜歡號稱自己的企業是身價上千萬甚至好幾個億。你看看他資產負債表的明細欄，三分之二都是應收帳款或者存貨，再觀察他的損益表上微薄的收入，你都不知道該怎麼表達這種類似於同情加鄙視的感覺：同情的是——這個企業的未來可能是迷茫暗淡窮途末路，鄙視的是——最近炫富的人已經夠多了，他能不能學好了基本的財務知識再跑出來張揚？！

1. 提高存貨的流動性

存貨就是拿來賣的，所以盡量把它賣的快一點。

在學術理論界，當學者們討論存貨和固定資產的區別的時候，他們都會提到一個概念：存貨是以銷售為目的，而固定資產則不是。這個觀點基本在所有的學者不同的理論中得到了統一。這個共識性質的觀點也說明了一個問題，誰的商品賣的越快，誰就更有競爭力。

這個很好解釋，舉個例子。

A 企業和 B 企業都同樣生產某產品。他們的產品單位價格是一樣的，假設為每個十元。兩個企業的單位成本也是一樣，假設為每個八元。故而，我們很容易知道這兩個企業的利潤率是百分之十。它們的產量都是一樣的，一天之內都可以生產兩百件產品。

但是它們的區別在於：銷售部門的業績。A 企業的銷售經理表現平平，因此生產的百分之五十的產品可以銷售出去。但是 B 企業的銷售經理口才很好，很容易就可以簽下幾個大的訂單，故而銷售了百分之七十五的生產產品。

其他的條件都是一致的，比如成本、利潤率、單價等等。但是，A 企業永遠可以賣出百分之五十，B 企業永遠可以賣百分之七十五。在兩天內，我對 A、B 兩個企業的生產經營能力做了數字上的分析。

請你看下面這兩個表：

第一天：

	成本	生產量	存貨	銷售量	單價	利潤率	收入	淨利	投入產出率
A 企業	1800	200	100	100	10	10%	1000	100	5.56%
B 企業	1800	200	50	150	10	10%	1500	150	8.33%

第二天：

	追加成本	生產量	增加存貨	銷售量	單價	利潤率	收入	淨利	投入產出率
A 企業	800	200	100	100	10	10%	1000	100	12.50%
B 企業	300	200	50	150	10	10%	1500	150	50.00%

經過第一天的公司業績，我們就可以看出，雖然兩個企業的利潤率都是一樣的，但是收入卻顯著不同，B 企業的投入產出比明顯比 A 企業高，可以計算得到 B 企業的投入產出比是 A 企業的一點五倍倍。這還不算完，第二天的經營業績更是顯示出 B 企業的優勢。因為在第二天，需要保持本企業的銷售比率，兩個公司都需要追加成本。假設第二天的成本還一千八百，但是由於兩個企業經過第一天的銷售都已經有收入，故而將收入全部作為第二天的成本，另外再對不足的部分進行追加。A 企業需要追加八百，而 B 企業只需要追加三百即可。故而，最終導致在第二天，B 企業的投入產出率是 A 企業的四倍！這還僅僅是兩天的累計分析，隨著時間的推移，兩個企業的差距會變得更大！你現在應該理解什麼叫流水不腐戶樞不蠹了吧？只要讓你的商品變得更加暢銷，就會以幾何增長的速度贏過你的競爭對手了！

因此，千萬不要說行銷部門沒有創造直接的利潤，他們的業績和企業的競爭力息息相關。B 企業比 A 企業創造了更多的利潤，銷售部門功不可沒。看來銷售經理還是一個很重要的角色，和生產部門的經理一樣，他的努力能夠顯著提升你的企業績效。

萬一你的銷售經理就是業績平平，你沒法勸說更多的顧客購買你的商品，那就告訴你的生產經理：不要生產太多的產品。當然，透過案例，我們也就可以知道，存貨是占用企業的資源的一種形式。庫存過多構成了企業成本的浪費。所以既然賣不出那麼多，你就不要生產那麼多，因為多餘的產品就只能放在倉庫裡。一旦出現庫存，就立即會產生成本。這又涉及到一個成本管理的重要概念：庫存成本。

2. 庫存成本包括哪些？

庫存帶來的成本可以分為幾個部分。舉例子來說，存貨需要專門的倉庫，因此會產生倉庫租用費，專人保管則產生倉儲人員的薪資。這還只是看得見的。看不見的成本更是難以估計：存貨在放置的過程中可能出現損耗變質，商品還沒來及銷售出去就已經損壞掉了；隨著變化多端、時過境遷的市場競爭，存貨不再滿足消費者的需求。甚至有時候倉庫管理人員監守自盜，偷竊企業的財產。還有一個重要的成本，就是我們企業的機會成本，也就是存貨占用的資源。由於機會成本在企業的資產使用方面是一個不容忽視的考慮因素，故而在這裡我可以簡要介紹一下機會成本的概念。

A· 機會成本

機會成本，源於經濟學的一個概念，但是在生活中卻常常遇到。因此，這個念上去文謅謅的名詞其實可以用比較生活化的例子說明：

大家都明白，世上沒有免費的午餐，天上也不會無端的掉下餡餅。我們要取得什麼，必然要付出對價，這個對價就是成本。比如我們為享用午餐而支付的金錢或者為享用免費午餐付出的時間或代價等。這些成本是有形成本，是看得見的。但這是不是我們決定是否享用午餐所要考量唯一成本呢？

當然不是，甚至不是最重要的考慮。我們要考慮的除了支付的金錢或者時間外，其實更多考慮的就是這些金錢和時間，我們還可以用來做什麼。這才是享用午餐要考慮的真正成本，雖然不會登記在會計的帳本上。這個成本就是機會成本。

這樣說可能有些抽象，講個故事作為例子吧。

遠古還有一個愛情故事，也充分詮釋了機會成本，莫愁是個平民家的姑娘，在家辛苦勞作，在其十五歲那年，命運發生了轉折，嫁得貴室，且早生貴子，人生富貴，在很多人眼裡是成功的人生了，但是她內心最大的遺憾卻是沒有嫁給真心喜愛的青梅竹馬。

這個姑娘和「非嫁富二代不可」的某些人形成了明顯差別。這個故事不僅教育年輕姑娘們不要瘋狂整天抱著「嫁人要嫁有錢人」的夢想，還告訴我們機會成本很可能是很大的。她嫁與富貴盧家的機會成本就是放棄青梅竹馬的男友，對她而言，成本之大，甚至於高過豪宅、美裳、奴僕成群的富貴。當然了，大家可能發現了，對同樣的選擇，機會成本因人而已，因為不同的人可能要付出不同的機會，相同的機會不同的人也有不同的評價。

對於一頓免費午餐，乞丐或許只是犧牲了晒太陽的時間，巴菲特可能是少看了幾份年報；同樣一筆金錢，有的人滿足口腹之欲，有的人可能去買本書閱讀，有的人可能要給子女繳學費。

同樣為了嫁於富室，放棄初戀男友，莫愁女或許為此遺憾一生；「拜金女」馬諾恐怕是迫不及待的跑到 BMW 車裡，以實現她那個「寧願在 BMW 車裡哭，也不要在自行車後面笑」的夢想。

我們時刻面臨選擇，按照經濟學的理念來說，就是欲望無限，資源有限，其實即使資源無限，時間也有限，因此做出選擇是不可避免的，也是必須的。而選擇就意味著放棄，這是不可避免的，但是放棄一定要有明確的標準，不要做了因小失大的傻事。

對我們具體的企業來說，抽象的機會成本很難列到我們財務經理的計畫書裡：因為實在有些抽象。很多財務管理的書上都建議採用銀行貸款利率作為我們企業的機會成本，但是很明顯是有問題的。企業的機會成本，顧名思義，就是沒做某件事時沒獲得的收益。既然沒做，那你怎麼知道具體的收益是多少？所以我的建議就是採用我們企業自己的一般情況下的毛利率。因為我們的假設就在於：如果我們的企業沒有用這筆錢，就假設企業將這筆錢用在了日常的經營過程，也就是擴大再生產獲取一般的經營毛利。

將機會成本應用在我們的存貨管理上，就是缺貨成本的概念。因為沒有足夠的存貨，導致我們的企業失去了客戶的信任、失去了潛在的擴大市場的機會、失去了按時交貨的承諾等等。

B・有形成本和無形成本

有形的和無形的成本都構成了企業的開支，這就是需要企業成本管理的條件。於是，存貨的成本包括這幾個部分：採購成本（買價），訂貨成本（訂貨一次的成本），儲存成本（倉儲費），缺貨成本（也就是機會成本的概念，基本是無形的）等等。你應該比較容易就可以看出，存貨的成本結構存在著此消彼長的關係。比如：儲存成本和缺貨成本，一旦企業決定保留大量的庫存，則儲存成本會比較高，但是缺貨成本就相應降低——在大量儲備時基本不會出現缺貨的現象。

因此，平衡庫存十分重要。如何將庫存成本壓至最低，就是平衡不同的相關成本，使其總成本降到最低。

為了達到成本最低，而相應安排最低量的庫存。這種方式是安排庫存量的一個最優模式。但是，這種最優一般僅僅體現在理論上。

這種理論上就是畫個複雜的模型，複雜模型如下：

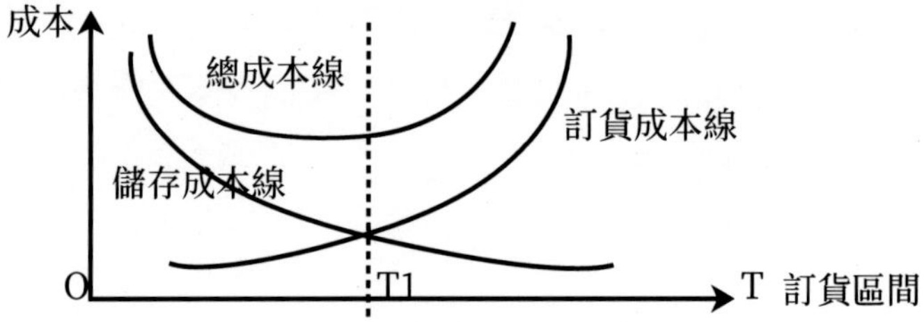

由於成本的組成結構非常複雜：既涉及有形和無形的問題，又存在可不可以量化的問題，因此很少在實際中應用。

既然很少應用，但是我為什麼還要介紹這個概念？因為我們的成本管理的一切出發點都在於如何將成本最小化、收益最大化。因此，在實踐中，存貨管理雖然不是直接透過計算成本最小來決定庫存量，但是最小化庫存成本作為存貨管理的一個準繩和目標，一直貫徹在存貨管理的理念中。

創見十一如何確定最低的庫存量

那麼在實踐中，究竟保持一個什麼樣的庫存量是最優的？

1. 安全庫存量

我可以給你一個公式：

安全庫存量 =（預計一天最大耗用量 - 預計平均每天正常耗用量）× 預計的訂貨提前期。

關於這兩個數字，「預計一天最大耗用量」和「平均每天正常消耗量」，這個問一下你的生產經理。預計的訂貨提前期，就是從你聯繫供應商之後直到他把材料送到你的倉庫裡來的這個時段。這個資料一般從負責聯繫供應商的人員那裡得知。最後把這三個資料計算一下，就可以得到安全庫存量了。

安全庫存量，顧名思義，保持著安全庫存量就是考慮了企業的不確定因素之後，企業為了安全起見所持有的「安全」庫存量。

為了複習鞏固，請你來做個小學生計算題：

A 企業每天的預計最大耗用量為 10 噸，平均每天耗用 8 噸。供應商關係管理的人員告訴你需要 2 天可以提前訂貨，問：你最多需要在倉庫保留多少存貨？在什麼時候你應該向供應商發出要求進貨的指令？

有人照著我剛才說的公式計算了一次，他的計算過程如下：

安全庫存量 =（10-8）×2=4（噸）

於是，他很欣喜地舉手回答道：「是 4 噸！也就是說在企業還有 4 噸材料的時候，就應該向供應商發出進貨的要求。」

你是不是也是這麼計算的？你是不是也是這麼思考的？

如果你也是這麼計算的，你需要注意：計算過程沒有問題。但你可能沒有理解「安全」庫存量的概念。

所謂的「安全」是這麼個概念：企業的安全庫存量就好像一個降落傘包，即使你搭乘過一百次飛機，可能都不會使用一次降落傘。因此，降落傘作為一個必備品，一定會放在飛機上。但是除了降落傘，還有其他的必要人員和設備，比如飛機的乘務員、飛機內部設施等等。同樣的，你在計算出安全庫存量時，一定要考慮沒到貨時，你的企業對於該材料正常的耗用量。也就是說，除了考慮安全庫存之外，你還需要加上提前訂貨期內的材料耗用量：

最低庫存量 = 安全庫存量 + 提前訂貨期內的材料耗用量 =4+8×2=20（噸）

因此，在你的企業只有 20 噸的材料時，你就應該向你的供應商發出訂貨的通知了。

最後請你注意，這個安全庫存量是一個最大庫存的概念：你最多可以保留這麼多「安全」庫存，多了就是浪費了。很多企業有時候甚至不保留這樣的「安全」，覺得是不必要的。因此就出現了以下這個問題：

2. 不要庫存行不行？

庫存管理存在兩個方式：一個是合適的庫存，一個是零庫存。

合適的庫存管理：

合適的庫存已經在存貨庫存成本和庫存量做出了介紹。庫存成本最低、庫存量最小就是保持合適庫存的管理方式。這也是一般的優秀企業的庫存管理模式。這種比較中規中矩的存貨管理方式就是傳統的方式：合理規劃生產流程，做好生產計畫安排，依照生產計畫安排存貨量、訂貨時間點和一次的採購量等等。既然說合適的庫存管理是傳統最優，就證明了該方式是經過成千上萬家企業實踐後千錘百鍊顛撲不破的模式。但是由於這種方式不夠新穎，你可能對它的印象十分一般。那我就介紹下一種庫存管理方式，形成對比之後再進行統一評價。

零庫存管理：

零庫存起源於日本的企業。貌似很多企業的成本管理思想都來源於日本——因為在構建節約型社會方面，日本企業家們的確是頗有心得。當提到構建具有日本特色的節約型公司，我們需要提名豐田公司，因為豐田公司案例的確是管理學教育家和學者們傳播先進管理思想、居家旅行之必備教材。

零庫存來源於適時生產系統。適時生產系統別名 JIT（JUST

IN TIME），是日本豐田汽車公司在一九六〇年代實行的一種生產方式，一九七三年以後，這種方式對豐田公司渡過第一次能源危機發揮了突出的作用，後引起其他國家生產企業的重視，並逐漸在歐洲和美國的日資企業及當地企業中推行開來，現在這一方式與源自日本的其他生產、流通方式一起被西方企業稱為「日本化模式」。適時生產系統體現為一種生產程式向前拉動式的生產模式，要求生產企業必須根據客戶訂貨或市場要求的數量、品種、品質標準和交貨時間組織生產，安排採購。前一生產程序必須嚴格按照後一生產程序所要求的有關在產品、半成品，或零組件的數量、規格、品質和需求時間安排生產。如此看來零庫存的好處是顯而易見的。如果企業能夠在不同環節實現零庫存的話，例如庫存占有資金的減少；優化應收和應付帳款；加快資金周轉；庫存管理成本的降低；以及規避市場的變化及產品的更新換代而產生的降價、滯銷的風險等等。

上面那段話如同浮雲一般，相信你看過就忘了。但是如果你抓住這幾個關鍵字，就知道適時生產系統（JIT）的理念了：「前一程序」按照「後一程序」安排生產。也就是說你在裝配多少產品的時候，必須根據後一道程序需要包裝多少產品進行安排。企業的生產線流動不再是「按供定產」，而是「按需定產」。這種拉動的方式可以有效避免「生產了也是白生產」的結果。倒軋到最後，就是按照消費者的需要安排生產數量。故而，在這種模式下，不需要任何的存貨，因為在本次程序完成之時，也是下一道程序開始之時。因此，零庫存的方式可以在適時生產系統下實現。總之，「部門圍繞生產轉，生產圍繞銷售轉，銷售圍繞市場轉」，這就是零庫存的一個基本概念。

當然，不需要庫存當然是存貨成本管理的一個最高境界：庫存成本為零！既沒有儲存成本（無庫存當然無倉儲費和管理費等等），也沒有缺貨成本（嚴格依照銷售確定生產，因此以需定產下不會有缺貨的問題），庫存成本奇蹟奇蹟般的降為零。

但是要採用零庫存的模式，你必須清楚的是：公司具有靈活的客戶資訊收集系統，也就是以資訊代替存貨。

讓我們重溫一下戴爾的案例，他將優秀的成本控制模式延續到存貨管理：

戴爾組裝一台電腦只要四 小時，存貨周轉天數只有五 天，約為同業的十分之一。由於零庫存減少庫存造成的現金積壓和跌價損失，戴爾採用的就是零庫存的管理模式。網路的出現，讓戴爾可以採用接單後生產模式，交貨時間提升到只要八 小時。戴爾只是需要收集客戶資訊，為顧客量身訂做合適的產品，再迅速送到消費者手中，由於收集到的資訊足夠充分，中間的環節幾乎是「無縫對接」。因此評論家們指出：「管理供應鏈的精神，就在於用資訊取代庫存」。

零庫存很令人矚目，實施效果很鼓舞人心，但是這種方式卻不一定很適合你：

每次當我介紹到新銳的管理方式時，很多老闆都希望能依樣畫葫蘆。但是我可以比較負責地告訴你，即使你採用了戴爾的零庫存管理，也不一定變成戴爾那樣成功的公司：就好像你採用了蘋果公司那樣的生產技術引領型管理模式，你可能會變成柑橘公司——而不是蘋果第二。雖然說，現在的條件已經比較滿足，交通發達、資訊傳遞靈敏、物流行業發展迅速，我們可以基本擺脫備料生產、以產定銷的傳統生產經營模式，但是採用零庫存還是一個挑戰。相信你聽過「生淮南為橘，生淮北為枳」的俗語：想把自己的企業也變得這麼甜，完全不必照著別人的經驗種橘樹，根據你的實際情況，你在自己的領域種蘋果樹，一樣可以收穫甘甜的果實。戴爾的零庫存管理給我們的啟示就是：從客戶的角度出發，獲取盡可能多的資訊，盡量壓低庫存。

創見十二：指標化地管理存貨：區分存貨和蠢貨

當然，我們可以很容易看出，對於一般企業來說，存貨還是必須的。所以，傳統觀點認為，存貨又是不可缺少的。企業有時候會遇到這樣的情況，顧客覺對我的產品十分滿意，因此要求追加購買；之前的市場估計比較悲觀，但是現實的情況是，客戶的購買需求十分旺盛；競爭對手由於種種原因流失客戶，他的客戶轉而成為我們的潛在顧客。你面對如此好的銷售機會，卻悲劇的發現：企業保持了一個比較低的剩餘生產量和庫存數量，因此剩餘的產品數不多，根本沒法滿足增加的客戶需求。你只能眼睜睜地看著好不容易到手的客戶又流失掉。更恐怖的是，你的企業可能遇到什麼不好的變故，比如工人鬧事之類的，因此突然停止了生產。或者換個說法，你的供應商突然停產，或者交貨時間延遲，以至於你的生產安排時間被打亂。但是顧客的訂單已經下了，由於你的備用庫存很少，只能推遲交貨。直接的結果就是，輕則交違約金，重則失去客戶的信任，再重則涉及訴訟風險。這都是沒有庫存惹的禍。

除了這些不確定因素是必須存在存貨的理由，還有一件事你沒法迴避：企業的行業特徵決定你必須有存貨。如果你是一個生產水果罐頭的企業，由於水果具有時令性，並且在上市高峰期原材料價格比較低，導致企業的生產時間必須集中在水果上市的季節。但是，消費者的購買時間卻可能是分散在整年的範圍之內。因此，企業必須在水果上市高峰期多生產，累積了足夠的庫存以備消費者全年的購買。

故而，對於一般企業來說，保持一個均衡的合理的庫存更為可行。保持合適的庫存也必須收集足夠的客戶資訊、合理安排生產流程等等零庫存管理模式。事實上，零庫存就好像我們所說的「理想」，因為「理想很豐滿，現實很骨感」，所以我們需要朝著「理想」不斷努力，在這個過程中，你會覺得自己的企業管理得到了優化、成本得到了進一步降低，因此就提升了公司的效率和獲利能力。在這裡理解零庫存，就可以體現為：以倉庫儲存形式的某種或某些種物品的儲存數量很低。「低」到可以無限趨近於「零」，但是不會真的變成「零」。

回到我們企業的成本健康管理來說，保持流動的存貨，也是保持流暢的生產。存貨的流動帶來的就是現金的流入、利潤的流入。流動不暢的存貨就變成了「蠢貨」，不僅占用你的資金，還降低了企業的獲利能力。

並且，有指標可以衡量存貨周轉的速度的——存貨周轉率。一般而言，存貨周轉率越低，存貨的流動速度就越快，你的企業的血液流動越快。存貨周轉率有以下兩種表述方式：

第一種：存貨周轉率 = 生產成本 / 平均存貨；周轉天數 = 期間內的天數 / 存貨周轉率

第二種：存貨周轉率 = 銷售收入 / 平均存貨；周轉天數 = 期間內的天數 / 存貨周轉率

究竟採用哪一種方式，要依據我們分析的目的。首先你要知道，庫存管理最終需要落實到部門，作為部門業績評價的指標，和存貨的流動相關的部門主要就是銷售部門和生產部門。銷售部門必須善於開發客戶群體，保證我們的產品適銷對路，生產部門要生產出品質合格的產品，盡可能降低報廢率。因此，採用第一種計算方式，可以對部門內部的業績做出評估。其次，存物流動的意義還在於使得資產變現能力加快，增強企業的短期償債能力。為了評估存貨轉換為現金的時間和金額，一般就採用第二種計算方式，即採用銷售收入作為分子的公式。好吧，不要小看這兩個公式。第一個公式幫助你進行存貨管理評價，賞罰分明，有助於改善提高企業的存貨管理水準；第二個公式是銀行考核企業的短期償債能力，確定企業究竟有沒有資格取得短期貸款的重要指標，投資者和也時常關注這個指標，以分析企業的盈利能力。

如何解讀存貨周轉率，舉個例子說明：

第一種方式：

假設在 A 公司的核算期為一個月，A 公司一個月的銷售成本為 100 萬，月初的存貨為 15 萬，月末的存貨為 5 萬，則請你計算一下存貨周轉率：

平均存貨 =（15+5）/2=10（萬）

存貨周轉率 =100/10=10

存貨周轉天數 =30/10=3（天）

通俗的來說，就是存貨在一個月內周轉了 10 次，或者換句話說，由於用於存貨的營業資金在一個月內周轉了 10 次，所以你的企業可以把 10 萬當 100 萬在使用，同時存貨變現的時間平均為 3 天。

第二種方式：

同樣的 A 公司，月初存貨同樣是 15 萬，月末 5 萬，一個月的銷售收入是 200 萬，請你再計算一下此時的存貨周轉率：

平均存貨 =（15+5）/2=10（萬）

存貨周轉率 =200/10=20

存貨周轉天數 =30/20=1.5（天）

此時，存貨周轉率則代表了企業的獲利能力。一個月內，企業平均投入 10 萬作為占用的資金，就可以得到 200 萬的收入。

我們很容易看出，不論採用哪一種方式，在一定範圍內，存貨周轉率都是以高為優，周轉天數都是以低為優。較高的存貨周轉率意味著存貨的流轉速度更大，企業的血液流動的越快，存貨管理能力較好。而較少的存貨周轉天數則表示存貨在很少的時間內就可以變現，企業的獲利能力較好。存貨周轉率指標是很重要的資產管理指標。巴菲特在一九六一年收購了登普斯特公司。他在一九六二年致合夥人的信中如此描述這家公司：「這家公司過去十年的經營情況可以這樣概括：營業收入停滯不前，存貨周轉率低，相對於投入資本而言幾乎沒有產生任何回報。」

但是，實際的存貨周轉率也並不一定是越高越好。具體分析存貨周轉率還需要結合存貨現在的品質和結構。

比如說，A公司的情況如剛才你計算的那樣，在此不予贅述；B 公司的銷售收入、銷售成本和平均存貨都與 A 公司相同。但是兩個公司的存貨結構卻大相徑庭。由於 A 公司是製造加工公司，它的存貨中，百分之八十是在產品；B 公司是一家歸屬於商品流通行業的零售企業，它的存貨大部分是持有待售的產成品。首先，這兩個公司的存貨周轉率一般不可比，因為資產管理指標一般只運用於相同行業可比公司之間的比較；其次，如果你非要分個高低優劣，我們只能假設兩個公司處於同一行業（比如同屬製造業），則可以認為，相對於 B 來說，A 公司的存貨管理水準和銷售獲利能力更勝一籌，因為 B 公司的產品滯銷現象比 A 公司嚴重。

同時，不要讓你的存貨周轉率被財務經理劫持了：存貨周轉率可能會受到會計政策的影響。財務經理計算出來的存貨周轉率看上去很美：存貨周轉很快，彷彿企業的周轉能力很強，獲利能力突出。實際上，存貨的積壓問題早就讓銷售經理們夜不成眠、輾轉反側了。因為存貨周轉率的計算是以平均存貨淨額為分母，計算平均存貨時已經扣除了存貨跌價準備。換句話說，存貨跌價準備計提相對高了，平均存貨自然就低了，存貨周轉率自然就上去了。

比如長虹的存貨問題。世紀之交之時，長虹對於彩色電視業的發展趨勢判斷錯誤，囤積了大量的過時映像管，導致過時的存貨比例過大，嚴重占用了企業的資金。所以，透過財務報表分析，有很多的財務專家在分析長虹的管理問題時發現，長虹公司的存貨水準一直居高不下，長虹的存貨淨額從一九九四年的十點八三億元上升到二〇〇三年底的七十億元。長虹的存貨問題不僅是存貨金額巨大，而且更嚴重的是，庫存商品占存貨總額比例一直保持在百分之六十四以上，二〇〇一年達到創記錄的百分之八十二，截至二〇〇四年末，庫存商品占存貨總額比例為百分之六十四。四川長虹的存貨逐年增長，但是令人稱奇的是，存貨周轉率卻沒有隨之增長，並且明顯低於其他彩色電視業上市公司。

分析原因時，財務分析者發現，截至二〇〇四年年底，四川長虹的存貨淨額達到六十億元，占資產總額的百分之三十八點四，但是二〇〇五年第一季度，存貨淨額占資產總額比例卻下降到百分之三十二點五。原因是二〇〇四年，長虹計提存貨減值準備約十一億元。故而，存貨周轉率成功地被操控了。

創見十三：充分利用固定成本也是降成本

總的原則是：窮可以利用之物，盡最大收益之效。

固定資產是企業賺錢的工具。你可以透過肉眼看到，廠房機器可以二十四小時不停運轉地為企業創造利潤，同時在無形中，在財務管理領域中，固定資產（以及與其緊密聯繫的固定成本）可以作為槓桿效應的主力，放大企業的獲利能力。

因此，這裡要介紹一個概念：固定成本。

固定成本：給企業一個支點，它就可以撬起一個地球。

首先，你需要了解一下成本性態。成本性態指產出發生變化時成本是否會發生變化。固定成本就是在產出變化時不會發生變化的成本，變動成本則會隨著生產數量的變化而線性變化，還有一種成本叫做混合成本，就是介於固定和變動之間的第三種，也就是隨著產量的變化非線性地變化。大部分的固定成本與固定資產相聯繫，比如生產機器的折舊、廠房的租賃使用費、生產線的維護費等等。但是也可能與固定資產無關，比如管理人員的薪資、各種財產稅費、企業開發產品的研發費用等等。

但是，出現最多的往往是混合成本，因為很少存在純粹的固定成本和變動成本。

比如：運送貨物的卡車司機小張，他的薪資就是典型的混合成本。當企業生產一百件貨物的時候，小張為了送貨可能需要一天跑五公里，每天工作五小時。當企業生產一百五十件貨物的時候，小張把原先的一百件放緊湊點，還有多餘的空間可以塞那五十件產品，於是小張可以繼續按著跑五公里工作五小時的標準拿著原先的薪資，此時小張的薪資是固定成本。但是，企業接到某新增訂單，因此需要小張每天送兩百件貨物。這個時候，小張必須每天跑六公里，平均花費六小時，因此小張要求漲薪資。你應該已經察覺到，如果把貨車的貨裝滿再走，既可以實現最小化地占用資源，又可以得到最多的收入。換句話說，固定成本是非常有用的概念，如果你可以很好的利用，就可以實現「空手套白狼」的最佳效果。

為了將混合成本保持在固定成本的狀態，首先要識別成本性態。將混合成本劃分為固定成本和變動成本是個技術活。一般而言，可以採用高低點法、散布圖法、電腦分析法等等。我介紹以上這些方法，並不是說依據這些方法可以精確分析出固定成本，而是告訴你存在一些方法可以大致估算出固定成本的量，然後你可以在略微低於這個量的標準下盡量擴大生產的規模。

因此，固定成本就是企業的一個獲利支點，給企業一個支點，它就可以撬起一個地球。

為了量化固定成本的優點，請你看下面這個案例：

A 公司和 B 公司同樣生產某產品，假定兩個公司獲得同等的收入、等量的總成本，故而，在第一年，兩個公司獲得了同樣的利潤。只是兩個公司的固定成本和變動成本比例不一：

A 公司的固定成本占總成本的百分之八十，B 公司的固定成本占總成本的百分之六十，因此兩個公司的邊際貢獻（收入減變動成本）也不一樣。第二年，由於一系列政策原因銷售形勢大好，兩個公司紛紛擴大生產規模，收入翻倍，同時也需要投入更多的成本。但是隨著銷售翻倍，只有變動成本發生同比例變化，固定成本保持不變。第二年的利潤立即顯示出 A 公司的優勢：A 公司比 B 公司獲得了更多的利潤。詳見下表：

第一年			第二年		
	A 公司	B 公司		A 公司	B 公司
收入	150	150	收入	300	300
變動成本	20	40	變動成本	40	80
邊際貢獻	130	110	邊際貢獻	260	220
固定成本	80	60	固定成本	80	60
總成本	100	100	總成本	120	140
利潤	50	50	利潤	180	160
經營槓桿	2.6	2.2			

這就是固定成本的魅力。固定成本的存在，促使銷售量增長的效應被放大，因此產生了更多利潤。這個放大效應稱作「經營槓桿」。固定成本在槓桿中扮演的正是支點的角色，可以使得企業在增加銷量的同時「多快好省、趕英超美」地完成了數倍於銷量增長的利潤目標。以下是經營槓桿計算的兩個公式。

經營槓桿 =（收入 - 變動成本）/（收入 - 總成本）=（利潤 + 固定成本）/ 利潤

經營槓桿 = 利潤的變化率 / 銷售量的變化率

前一個公式說明的是經營槓桿產生的原因，也就是產生於固定成本。後一個公式說明了經營槓桿的結果，銷售量的變化放大了利潤的變化。

當然，以上介紹的固定成本並非一定來源於固定資產。但是我介紹了固定成本的概念，旨在告訴你使用固定資產的原則就是「物盡其用，人盡其才」。低效率運營甚至空轉閒置的固定資產絕對是企業運營的大忌。

建立控制的標準和目標

人的視力很重要，看不清東西，人就沒辦法穩穩地走在大路上。一個視力不佳的人行走於路上，跌跌撞撞是小，錯把懸崖當路途是大。因此，及時發現視力缺陷、立即佩戴合適的眼鏡或者進行視力矯正，都是必須的。同樣的，我們的企業也不例外。

對於企業來說，是否擁有一個敏銳的視力，決定了企業的發展方向和定位目標。發展戰略於企業，就好比視力於人，長期戰略還是短期目標都必不可少。如果企業的長期發展眼光短淺甚至沒有長期目標，就正如企業是個近視眼，雖然行走在路上，卻不知道此路通向何方，也許走到半路才發現此路不通。於是，企業或許垂頭喪氣地放棄了前進，直接走向死亡，或許滿頭大汗地尋找折返的道路，費盡周折才尋回正道。

聯通的 CDMA 戰略失誤，就是企業的定位不夠準確，導致開發策略失誤，直接造成了巨額的損失和浪費。二〇〇八年，聯通為了擺脫低端市場中成本競爭的傳統角色，故而打造出 CDMA 這一「高端品牌產品」，期望獲取高端用戶的青睞。由於策略失誤，企業雖然花費了巨額的廣告行銷，卻未能獲得理想的回報。事實證明，高端的市場定位，與本企業並不適合，所以沒有得到消費者的認可，直接導致了與 CDMA 專案有關的成本和支出的白白浪費。

如果企業缺乏短期目標，空有一個遠大理想，也是有問題的。當下有許多企業家談起成功公司的案例總是如數家珍、侃侃而談，但是從來都空有一身抱負卻沒有實踐的痕跡，這大多都是歸結於缺乏短期目標。「遠視眼」通常發作在剛起步的小企業，理想頗高，卻也缺乏實踐的短期目標。如果當你認為你的企業需要跟上時刻變化的市場環境，時時刻刻保持市場敏銳性，首先不要想著發動忙碌的銷售人員去做費時費力費金錢的市場調研，而可以先從既得的長期客戶入手：了解他們的需求變化，積極完善售後服務資訊回饋機制。這樣的調研方式不僅成本更低，而且又有利於培養長期顧客群體，發展企業的「鋼鐵粉絲」。

在具體的成本控制方面，制定有效的預算就是成本控制的有效手段。切實具體又頗有遠見的預算方案就彷彿是合適企業視力的眼鏡，能夠有效地幫助企業獲得目前的現狀，與目標之間的差距、以及相關人員的業績評價。

創見十四：如何制定全面的預算

預算，也就是企業的計畫。凡事預則立，不預則廢。傳統上的成本管理觀點認為，預算是控制企業支出的工具，但是現在的成本管理觀點則認為，預算也是增加企業價值的一個手段。計畫一經制定，往往就是要付諸實踐，因此預算的制定十分重要。

首先，我需要問你幾個問題：你的公司裡有那些部門有預算控制的環節？哪些部門在訂立預算？設定的預算遵守情況如何？

以上幾個問題就是考察：你的企業是否將視野籠罩住了整個企業？還是僅僅局限在某幾個部門。有的企業的預算編制由部門經理負責，統籌安排考核都是部門內部的事。當然，由於部門負責人更了解本部門的業務狀況和工作水準，制定的預算更加具有可實行性，也更加方便考核。但是，僅僅把目光局限在狹窄的部門內部，是絕對有很大的局限性的。各自的預算安排撕裂了部門與部門之間的合作，有時候甚至會產生競爭關係，這也就演變成了部門負責人之間「攘外必先安內」的動機。

舉個例子，某一公司下設兩個生產部門，部門 A 生產的甲產品，既可以對外銷售又可以對內銷售，部門 B 生產的乙產品需要用到甲產品，因此可以選擇去市場上購買，也可以選擇購買本公司的部門 A 的甲產品。這就涉及到如何制定轉移定價的問題了。假如部門 A 和部門 B 均各自採用本部門利潤最大化為目標，並各自制定預算和考核計畫。你將在公司會議上看到，圍繞著轉移定價的問題，兩位負責人唇槍舌劍口誅筆伐針鋒相對口沫橫飛，這時候要勞煩老總出來講那一根筷子和十根筷子的故事了。雖然說與天鬥、與地鬥、與人鬥其樂無窮，但是部門之間的辦公室鬥爭絕對是浪費企業資源的罪魁禍首。如何真正做到求同存異是個世界性難題，因此，避免部門之間互相鬥爭的最佳方式就是讓他們受到一個整體的全面的考核，這就是全面預算管理。

在這裡為什麼要強調全面預算？全面預算的好處是什麼？

全面預算管理就好像一條紐帶，將整個企業內部的所有部門盡可能地穿在一條線上。所謂全面，就是整個企業制定了一張宏偉的藍圖，在這張藍圖上，作為領導的你可以指點江山激揚文字、書生意氣揮斥方遒，把握整個企業的經營動態。

你需要注意的是，全面預算應該由最高階管理層制定，這也是經常提到的「總負責人原則」。鑒於總負責人地處高勢，可以憑其位高瞻遠矚、統攬全局，故而制定的計畫和預算符合公司的整體目標和利益。部門負責人雖然了解本部門的業務，但是對於其他部門一竅不通或者漠不關心，因此必須由總負責人一把手擔此重任。更重要的是，總負責人具有絕對領導權，可以保證預算的實施，不至於使之流於形式。

具體說，從層次上看，全面預算又分為長期預算和短期預算。長期預算一般和企業整體目標相關，短期預算一般和考核相關。從範圍上看，全面預算包括銷售預算、生產預算和財務預算三個方面。從內容上看，全面預算包括總體預算和專門預算。總之，制定全面預算是個技術活，包含複雜的專業知識和技術含量。

雖然說要求總負責人承攬這個技術活，但是畢竟單一個體的思維是有限的，而人民群眾的智慧是無窮的。全面預算是可以而且必須分解為獨立預算進行統籌安排。總負責人的任務就是統籌整個預算的制定是在掌控的全局範圍內，並且符合企業的整體目標。至於獨立預算的制定，則需要下放到單個部門進行具體策劃。

1. 測測你的視力：長期的財務計畫和短期的財務預算。

廣義的預算包括企業長期的財務計畫和短期的財務預算。

（1）長期財務計畫

長期的財務計畫，是以提升企業的長期發展能力為目標，以戰略計畫為起點，涉及到企業的運營理念、經營目標、公司戰略等一系列問題。要制定企業的長期規劃，必須首先識別並發展企業的核心競爭力，並據此設計出與之匹配的長期財務計畫。

這種廣義上的長期財務預算，也就是財務計畫，是在企業預定的生產銷售目標之上，財務人員據此編製出預計的財務報表。是的，你沒看錯，長期財務計畫的形式甚至可以採用預計的財務報表的形式。這就是財務報表的好處，既可以預算又可以結算，一目了然清晰明瞭，實乃居家旅行必備良藥。

這種長期的財務計畫，我可以把它區分為被動的財務計畫和主動的財務計畫。所謂被動的財務計畫，就是老闆們制定了項目和規劃，財務人員的工作就是老老實實制定實施步驟，使得規劃的藍圖具備可實行性。

比如：某企業將投資專案 A 納入了它的長期規劃。於是，財務經理必須了解專案 A 的運營情況以及投入產出時間，以確保現金流可以及時到位。在這種長期專案運營的預算下，企業的財務人員可以預測本企業需要多少融資、預計可以從什麼管道進行融資等等一系列內容，以保證企業在需要錢的時候有錢可花。這種被動的預測從銷售預測量出發，假定銷售增長和資產、負債的增長一致（這種假定被稱為銷售百分比法），計算預測的資產和負債數量，倒擠出總的融資需求，然後借助企業目前可能的種種融資方式，挑選出資本成本最低又最具有可實行性的融資方式。

在前文我介紹過企業生命週期的四個階段，而在各個階段下企業的融資計畫是不一樣的。例如：企業在急速擴張時期需要大量的融資，由於此時的融資管道很難靠內部解決（來源於企業內部的留存收益，也就是馬克思所說的「沾滿血跡的原始累積」），因此必須從企業外部獲得（借款、增發股票、變賣資產等等），因此會涉及到何時借款、何時增發股票，借多少款、增發多少股票等等的問題；對於成熟期甚至衰退期的企業，內部的原始累積已經足夠本企業進行下一階段的生產，因此完全可以自收自支、內部消化，制定的財務計畫就是圍繞如何利用好本企業的留存收益即可。

主動的財務計畫就是財務人員翻身做主人，天降大任高瞻遠矚地決定企業的最佳增長率。所謂最佳增長率，也是可持續增長率，指企業在保持現狀下銷售所能達到的最大增長率。由於假定限制銷售增長的是企業的資產，而限制資產的是股東權益的增長（保持現狀，包括維持現有的資產負債率，也就是不對外發行股票。銷售的增長帶來了股東權益的增長，同時為了跟得上增長了的股東權益，企業需要增加更多的負債），故而銷售的可持續增長率可以用股東權益增長率代替。企業的目標就是股東價值最大化，但是實際的增長率不是越大越好，實際增長率應該和可持續增長率匹配，以利於企業的可持續發展。這如同近幾年的各國不再盲目強調GDP的增長一樣，衝勁太大，後勁不足，同樣沒法完成長期抗戰勝利的任務。一般來說，可持續增長率的計算如下：

可持續增長率 =（銷售淨利率 × 總資產周轉率 × 留存收益率 × 權益乘數）/（1- 銷售淨利率 × 總資產周轉率 × 留存收益率 × 權益乘數）

給出以上的公式並不是要你一次就看懂並且駕輕就熟融會貫通，而是希望你自己發現一個問題：原來表面上的增長可能來源於財務政策的選擇，比如留存收益率。改變留存收益的比率就可以「操縱」增長率。一個算數比較好的財務經理可以透過改變留存資金比例改變財務資料，然後你還很開心地以為公司績效真的有卓越的提高。這個就是我會在下面的篇章裡說到的成本控制的陷阱：貌似股東權益增長了，但是並非是真正的可持續增長，故而後勁不足，燃料提前燒完了。這種情況的具體表現就是，當某年的實際增長率大於可持續增長率，同時又不改變財務經營政策，往往第二年的實際增長率一定會大幅度報復性降低，並且低於可持續增長率。所以這種自殺式行為可能出現在財務經理的最後一年任期：先耗竭企業現有的增長實力，以後的衰退讓下一任去擔吧！

有一個實例足以說明全面預算與實際及持續增長率關係，是關乎企業生死存亡的問題：

有一個企業在經過十年的發展和經營後淨利帳面已達幾千萬元，固定資產帳面價值也很可觀，顯然，作為企業老闆下一步要擴大生產規模還是發展其他產業是勢在必行的，再上一條生產線生產原來產品目前看市場銷售很火爆，能帶來豐厚收益和利潤，轉產其他產業可能將冒一定的風險，老闆在經過幾次市場調查和思考後決定擴大生產規模，放棄了多種產業的經營，一年後在設備安裝就緒，生產線即將投產的情況下，二〇〇八年市場遇到了金融風暴，產品大量積壓，由於投入過大，企業資金難以周轉，全面預算失衡，到銀行幾次聯繫貸款無果，二〇〇九年下半年經濟復甦後，生產的產品經過幾年的時間又跟不上客戶的要求面臨滯銷的現狀，可謂雪上加霜，企業面臨倒閉和破產危險，事實足以證明他的決策的失誤，全面預算過大，實際增長率過快是致命的弊端，當時看來有風險的產業，說不定是企業另一個起點的開始，老眼光看穩妥的決定是企業發展的隱形陷阱。

（2）短期財務預算

短期的預算，大部分是按照範圍劃為銷售預算、生產預算和財務預算。這種預算方式就是企業日常所說的預算控制。事實上，長期的財務預算很難真正僅從「財務上」把握整個公司——否則你讓位居高層、手握重權的老闆們情何以堪？更何況經營戰略和企業目標才是整個企業的指南針。但是，我們的成本控制更需要從短期著眼。短期的全面預算可以全面地反映企業的運營全貌，是成本控制一個很好的工具。大部分企業的業務必經銷售、生產和財務三個階段，全面預算的這三個方面構成了全面預算的最主要內容。從企業的業務流程看，企業的日常經營基本被這三個方面涵蓋完畢。

同時，從編制需要的資料入手，全面預算又可以包括營業預算和財務預算兩種。營業預算主要是根據企業的銷售量，規劃企業的生產流程、成本預測、材料採購等；財務預測主要是更加綜合反映企業可預見的短期內的全部情況，包括現金預算、損益表的預算和資產負債表預算。不難看出，營業預算和安排生產相關，財務預測和業績考核相關。

A·營業預算

首先，我們來看營業預算。營業預算包括銷售預算、生產預算、直接材料預算、直接人工預算、製造費用預算等等。營業預算以銷售預算為起點，後面的那一串預算都以銷售預測或其衍生為基礎：沒辦法，這就是個顧客威武的時代。銷售預測主要依據的是銷售市場調研和銷貨合同。生產預測則基於銷售來安排生產，同時要考慮本企業的產能和季節性因素的影響。

比如：優酪乳的需求月分比較平均，而奶牛在冬春季節產奶量會下降，因此可能在夏秋季奶牛產奶高峰期內需要企業儲備存貨（當然，作為理論上與優酪乳不存在有任何關係、但是傳說中卻是優酪乳原料的皮鞋則不會出現季節性短缺的問題）。同時，生產預測也包括生產流程的部署和安排。

提到生產預算，我可以補充介紹一下計畫評審技術。

計畫評審技術是一種計畫部署方式，主要應用於有先後順序的專案或者生產程序。同時，由於可能存在並行生產的情況，因此規劃最佳的生產安排，對於我們企業的成本控制十分重要。請你看下面這個圖並做個小測試：

你玩過「大富翁」嗎？假設此圖就是大富翁的棋盤圖，箭頭標注的數字就是停留的輪次。想要最快達到終點，你該怎麼走？

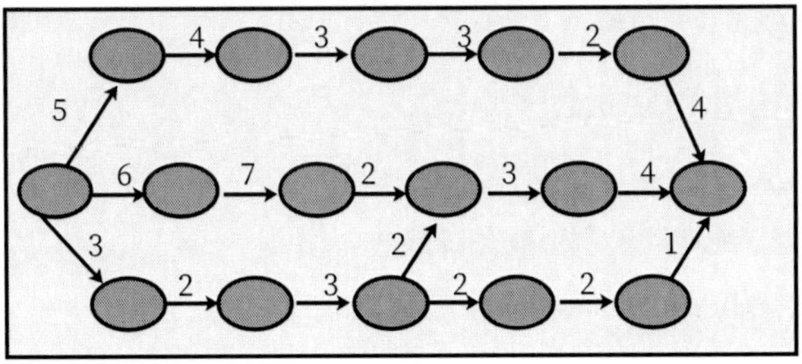

想最快到達終點，你一定會考慮這幾個問題：從「開始」這個點，有幾條選擇路徑？哪一條路徑是到達終點的最短途徑？哪一條路所耗費的時間最短？

我們來一起分析一下：

從開始出發，你有四條路：

第一條：北上，經過的天數為 5+4+3+3+2+4=21

第二條：勇往直前，經過的天數為 6+7+2+3+4=22

第三條：南下，經過的天數為 3+2+3+2+2+1=13

第四條：曲折前進，經過的天數為 3+2+3+2+3+4=17

於是經過分析，最短路徑就是第三條。也就是說，你要完成這個遊戲，必須起碼經過 13 個天數。進一步思考，如果有四個人同時走這四條路，待到所有的人走完需要多久？答案也很明顯，22 個天數之後，所有的人都能到達終點。

這就是安排生產的一個方法。假設生產程序就包括以上的四個步驟，如果要安排生產順序，為了使得所有的程序都同時完成，即為了在第 22 天交付產品，你可以在第 1 天安排第二條路徑的生產，待到第 9 天才開始進行第三條路徑的生產安排。

換個角度，如果你要減少所有的總時間，你應該削減哪個流程的耗費？答案也是明顯的，在第二條路徑上少花 1 天時間，就可以減少整個生產的時間耗費。如果你減少的是第三條路徑的時間，很明顯是於事無補，總體的生產流程還是要 22 天才能完成。

經過生產預算，企業可以以銷定產，估算出大概應該生產的產品數量。接著，直接材料、直接人工、製造費用預算都是以剛才算出來的生產數量為基礎，估計所需的料、工、費。銷售費用、管理費用、財務費用的預算則針對三項基本費用制定預算。

B. 財務預算

財務預算是企業的綜合預算，反應的內容涵蓋了企業所有的經濟業務活動，以三張表的預算為載體，全面反映預測中企業的財務狀況、經營成果、現金流量。這三個部分分別為現金預算、損益表的預算和資產負債表預算。現金預算的主要目標是保證企業的現金能及時供應，防止企業因一時間缺乏現金而造成流動性短缺的危機。現實中有許多企業是由於資金鏈條斷裂，一口氣沒喘上來差點被憋死。

比如：相信許多八〇後的人對愛多公司略有印象。說起來，那是一個鶯飛草長的時代。一九九七年，當時的 VCD 還很流行，人們手中的人民幣還很值錢，央視的新聞聯播還有很多觀眾，這個生產 VCD 的公司以二點一億天價競得央視五秒廣告，成為了一九九八年的央視競標王。但是剛剛登上標王寶座的愛多公司立即犯了個暴發戶們經常犯的錯誤——盲目擴張、急功近利。到了一九九九年，愛多將面臨現金流短缺的困境，卻盲目投資擴張，終於在全國人民面前給大家當了一回資金管理課程的反面教材。一入困境深似海，從此興盛是路人，在這麼個搏出位（注：以駭人聽聞的方式，在最短時間內取得大眾的注意）的時代，現在想再讓大家記住就沒那麼容易了。

損益表的預算和資產負債表預算是緊密聯繫的兩張報表預算。由於這兩張表基本可以預測企業的整體狀況，因此又被稱為「總預算」。在編制損益表和資產負債表預算中，挑選這兩張報表的一些專案，在營業預算和現金預算的基礎上進行預測。比如銷售收入，即是根據企業的銷售預測而來；又如現金，即是根據現金預測而來。從這裡我們不難看出，損益表的預算比較容易設定短期目標，同時又和業績緊密掛鉤；而資產負債表的預算則著眼於如何使得企業具有一個良好的財務比率，保持一個最佳的財務狀況。

2. 如何約束：制定財務預算的基本方法

總體而言，由於長期的財務計畫主要依據高層領導制定的戰略和投資項目相結合，因此更多的是反映未來的企業經營狀況和財務狀況的功能，而實際的考核和控制力不強。短期預算，則恰好是最容易考核和控制企業成本的最佳工具。

在這裡，我不會親自指點你編製短期的財務預算，因為企業和企業之前千差萬別。依據不同的專案和不同的規劃，也會有不同的預算編製方式。但是我要告訴你的是預算編製的基本理念，讓你在比較短的時間可以明白，不同的預算制定方法意味著什麼，何種預算方法最適合你的企業。至於企業戴上特定度數的眼鏡還暈不暈，你作為企業的關鍵人，應該清楚這副眼鏡究竟適合與否。

預算的編製有三組方法，每一組方法都包含兩種相互對立的預算編製理念：增量預算和零基預算，固定預算和彈性預算，定基預算和滾動預算。

A. 第一組：增量預算和零基預算。

增量預算，也就是在前一期間的基礎上，調整相關的專案制定預算；零基預算，則是「另起爐灶」「重新做人」，以新的估計和預測制定預算。這兩種相互對立的預算編制很容易看出區別。很明顯，那些和生產緊密相關的料工費預算是完全可以採用零基預算，重新確定預算目標進行安排；而和三種費用相關的預算內容則一般從企業的日常經營和現狀出發，採用增量估計為主要方法進行預算的編制。增量預算下，觸動到的企業管理的更新改造比較少，當據此作為考核業績的標準時，往往激勵約束機制的力度比較小；而零基預算則比較容易引發企業管理的全面改革，不受到前期工作狀況的影響，故而會調動比較大的積極性。

B. 第二組：固定預算和彈性預算。

固定預算主要以固定的目標量為基礎制定預算，得出的結果是一個固定的水準，而彈性預算著眼於不同指標之間的聯動關係，制定了一個預算範圍，形成一系列的業務水準。因此，彈性預算不僅制定了在某種水準下的目標預算，還可以考察當原因在一定範圍內變動時，結果目標預算變動的範圍。很明顯，彈性預算更符合我們成本控制的要求。因為成本是各種因素聯動的結果，並且隨其他原因變動而變動。只要讓你的企業在預算範圍內進行生產經營，則成本就控制在了期望的水準之下。

C・第三組：定基預算和滾動預算。

定基預算就彷彿是我們的定期計畫，以每月、每季度、每年為一個計畫期。滾動預算則印證了那句腦筋急轉彎：將要來，但是永遠也來不了的是什麼（答案是：明天）。滾動預算將預算期逐期後移，使得預算期持久保持一定的跨度。我們很容易看出，滾動預算下更容易接近現實狀況，促使管理層及時調整現狀以達到預定的目標。

總之，預算管理的方式使得成本可以被量化地控制，使得企業更容易達到目標。預算就好像企業的眼鏡，在企業看不清楚，目前的現狀、不知道自己是不是走在預定的道路時，及時與預算相比對，可以立即發現企業的問題，及時調整企業的管理策略。

創見十五：為成本管理訂立目標

誰是你的目標？

跑馬拉松的祕訣是什麼？

有記者問一個馬拉松冠軍成功的祕訣是什麼，他告訴記者說：「我從來都不去想最終的目標離我還有多遠。相反，我不斷地給自己建立短期的目標。比如：我會以距離我五百米的一棵大樹為階段目標。於是，一個很長的跑道就被我分解為好幾十個短期路程，這樣的話，整個艱難的路程可以比較輕鬆就能跑完。」

如果說預算管理下企業的目標是可以達到的，則目標成本管理下制定的目標就是企業可望不可即的。實際上，預算管理和企業的業績考核聯繫緊密，而目標成本管理則著眼於不斷促使企業朝著更高更快更好的前景發展。企業的目標包括長期目標和短期目標，將長短期相結合，有助於企業更好地進行日常管理。

同時，目標的建立可以以自己的最佳地情況為目標，也可以以優秀的競爭者為目標。推廣到我們的成本管理上來，則體現為企業內部的標準成本，以及企業外部競爭對手或同流程最優者的成本。

1. 以己為鏡：標準成本計算

標準成本實際上也是成本計算方法的一種。標準成本也是我們企業自己的成本，只不過是企業在最佳狀態下的預計成本。在標準成本中，已經排除了所有「浪費」的因素，因此也被叫做「應該成本」。根據心理學的解釋，「本應該」就是人們對於錯誤決策的藉口和託辭，但是卻難以真正改進。因為實際生活中存在太多的「不湊巧」，因此不可能達到絕對的「經濟」。因此，企業可以排除了所有不經濟的因素，構思出一個「烏托邦世界」。在這個世界裡，生產工人沒有怠工，產品設計沒有缺陷，甚至顧客還很單純。總之，在這個夢幻世界裡，你的企業總是保持著最佳狀態，就好像生活在新聞聯播裡。

標準成本的計算十分容易，和一般的成本計算方式一樣。唯一的差異就是代入的資料都是企業最佳狀態時的資料。計算步驟和公式如下：

第一步，計算總的標準成本

標準成本 = 實際產量 × 單位產品標準成本。

單位產品標準成本 = 單位產品標準消耗量 × 標準單價

第二步，分解標準成本

成本差異 = 實際成本 - 標準成本 = 實際數量 × 實際價格 - 標準數量 × 標準價格

= 實際數量 ×（實際價格 - 標準價格）+（實際數量 - 標準

數量）× 標準價格

= 價格差異 + 數量差異

在以上的計算中，你可以看出標準成本用於兩個方面的管理內容：衡量實際的成本和標準的成本的差距，以及找出差距產生的原因。

首先，通過步驟一，計算出標準成本，可以與實際成本相比對，藉此衡量實際成本和標準成本的差距。實際上，實際產量並不是企業內部管理可以控制的，而是要取決於消費市場是否認可，故而我們主要進行控制的是單位產品標準消耗量，也就是單位產品的成本。

另外，這種標準成本管理可以應用於具體料工費的分析中，比如可以應用於原材料管理、生產工人管理、製造費用管理等，具體的計算方式如下列舉：

（1）直接材料標準成本 = 單位產品的用量標準 × 材料的標準單價

（2）直接薪資標準成本 = 單位產品的標準工時 × 小時薪資基本薪資率

（3）變動製造費用標準成本 = 單位產品直接人工標準工時 × 每小時變動製造費用的標準分配率

（4）固定製造費用標準成本 = 單位產品直接人工標準工時 × 每小時固定製造費用的標準分配率

說明一下，後面兩項將製造費用分為兩個部分——變動製造費用和固定製造費用，是為了便於管理與考核。前面的篇章裡，我已經簡要介紹了固定成本和變動成本的內容（見提高資產流動性之固定資產章節）。至於為什麼要把所有的標準成本寫成量乘以價，是為了便於第二步的計算。

其次，步驟二則將實際與標準的差距進一步分析，分成量差和價差。我們需要分別分析這兩個方面的差異，是因為這兩個部分分別歸屬於不同的部門管理。所有的料工費項目也可以依樣畫葫蘆進行分解，例如以下對於材料的成本差異分析：

材料價格差異 = 實際數量 ×（實際價格 - 標準價格）

材料數量差異 =（實際數量 - 標準數量）× 標準價格

直接材料成本差異 = 價格差異 + 數量差異

其中，數量差異很可能是由於生產操作過程中，生產工人技術不熟練、報廢率高等原因造成。下一步的分析中，你需要針對生產車間進行仔細觀察分析。而價格差異，則是由於原材料的價格過高造成。這部分的問題並不屬於生產車間，而是採購部門的問題。因此你需要問問你的採購經理。如果近期原材料沒有大幅度漲價，那就很可能是他和供應商相互勾兌，高價購買原材料然後再私下裡分成。

再比如人工費用的分析：

薪資率差異 = 實際工時 ×（實際薪資率 - 標準薪資率）

人工效率差異 =（實際工時 - 標準工時）× 標準薪資率

直接人工成本差異 = 薪資率差異 + 人工效率差異

其中，薪資率差異就好比價差，效率差異就如同量差。薪資率差異的源頭是人事勞動管理部門，牽涉到生產工人的獎懲機制；人工效率差異則主要是生產部門的責任，可能是工人經驗不足、機器使用不當等等。

以己為鏡，可以認清自己能夠達到的最佳狀態，進而調整和改善。暢想未來美好的自己，就是對當前自己的最佳激勵。但是，有時候單憑企業自身很難發掘自己的真實潛能。因此，大部分的企業在標準成本管理中應用的是第二種標竿管理方式，也就是透過案例學習，由人及己地發現自身是否也存在和別人一樣的問題，或者自己是否可以借鑒別人的優點。

2. 以人為鏡：標竿管理

俗話說，青春痘長在別人臉上最不讓自己擔心，因此在分析別人的問題時，自己總能站在客觀的立場上。因此以別的競爭對手為案例，分析它的長處和缺陷，對我們自己的企業頗有裨益。

說到目標成本管理，常常就要以優秀的企業為目標。事實上，明星效應從人類的遠古時代就已經產生。從直立行走、到鑽木取火，都來源於人類腦海中根深蒂固的明星效應。甚至在你小時候，你的父母總是督促你勤奮學習，並且舉例說明自己小時候條件艱苦卻依舊克服難關獲得優異的成績。作家鄭淵潔說，這樣的教育方式廣泛應用於幾乎所有的子女教育，從遠古時代的類人猿開始就生生不息，影響了一代又一代的人。這就充分說明了榜樣的力量是無窮的，人類目前取得的成就和不斷進取息息相關。

當然，應用在企業管理方面，你可以看到成功的大公司總是以卓越的管理方式著稱，動輒就號稱某某的管理法。其實資本主義社會的企業由於歷史悠久矛盾隱蔽，故而總是可以憑藉出管理上的經驗取得形似不錯的業績。豐田作為管理學的經典案例，已經被研究地比較透徹，其案例經常出現於管理學的各種教材。但是，豐田的確就是目標管理的成功案例。因此，我將豐田再次挖出來，舊瓶裝新酒。

前面我曾經提到過，豐田英二在參觀福特的大批量生產時就初現端倪，借此發明精益生產，被傳為一代佳話。成本企劃是以豐田為代表的日本企業的首創。曾經的成本管理僅僅以回饋為主要管理對象，而成本企劃則站在事先預測的角度進行規劃，融合內外部環境進行的綜合管理。最重要的是，成本企劃將設計環節考慮在內，即從設計開始就考慮以後的流程中的成本耗費問題。由於設計時業已考慮成本問題，故而在以後的生產製造裝配環節可以避免浪費降低成本。

我還要介紹一個以目標管理著稱的企業——邯鄲鋼鐵。邯鋼經驗就是：「千斤重擔眾人挑，人人肩上有指標。」邯鋼在目標管理方面的卓越之處就在於將目標層層分解下放。目標設定並不難，難的是將目標分解到各個部門，形成了責任制。一方面，由於責任到人，員工的積極性得到比較大的提升。另一方面，人員的責任和目標與企業的整體規劃相符合，真正做到了人員和企業目標一致、同舟共濟。同時，邯鋼還採用「模擬市場、成本否決」的策略，將豐田的成本企劃納入成本管理的範圍。基本點也在於將市場競爭因素納入成本管理中，緊貼市場進行生產安排，最大限度降低成本。

總之，不論是預算管理還是目標管理，都涉及到企業的成本管理如何定位的問題。如果企業不設定預算和目標，只是埋頭生產，就好比盲人摸索著行走。預算和目標就是成本管理的指南針。建立了合適的預算體系和目標管理，企業的前進就有了方向。由於企業可能看不清自己的成本管理是否存在問題，佩戴合適的眼鏡，可以矯正企業在成本管理方面的盲目性。

將成本控制「文化」化

人的心智健康問題是一個內在的、綜合的醫學問題。有的人四肢健全，但是心理發育不成熟、智商和情商不高或者心理障礙，這樣的人算是健康的人嗎？根據國外學者的定義，心理健康是指一種持續的心理情況，當事者在那種情況下能作良好適應，具有生命的活力，而能充分發展其身心的潛能。這是一種積極的豐富生活狀況，不僅僅是免於心理疾病而已。現代社會的快節奏生活容易促使人們忽視心理健康問題，急功近利、一夜成名的思潮鋪天蓋地，鬱鬱寡歡、封閉自我的心理問題也困擾著很多人的生活。由於心理健康問題，不少人即使身體健康，也會深受心理疾病的困擾。

同樣地，對於企業來說，企業的文化就是企業的心理活動。由於企業文化需要企業家的耐心培養，因此對於企業的管理更容易忽略其心理健康問題。消極無序的、盲目照搬照抄的企業文化就是企業心理障礙的罪魁禍首，健康積極且符合企業實際情況的企業文化底蘊就代表了良好的企業心理狀態。

美國的西南航空公司以樸實無華的運輸服務著稱。他們的企業文化就是：向客戶提供質樸的、低價的、專業的航空運輸服務。西南航空公司的市場定位在於便宜的機票。該運輸公司不提供餐點，重複使用登機證，控制上下飛機顧客的時間——僅有十五分鐘，不設頭等艙。最重要的是，西南航空的確是做出了低廉服務的招牌：平均五十八美元的票價。這樣的企業文化，使得自一九七一年成立的美國西南航空於一九九三年迅速地一躍成為全美排名第七的航空公司。同年，美國大多數航空公司虧損，然而美國的西南航空卻繼續保持增長。更加難得的是，西南航空在成長的歲月裡，除了最初兩年出現虧損之外，一直保持穩定的盈利增長。這樣的盈利方式無外乎產生於低成本的競爭優勢：平均有效座位成本僅為六點五美分，相比美國航空的九美分和 US Aid 航空的十五美分來說，即使西南航空採取的是低票價戰略，也完全可以滿足高盈利的要求。

這樣的事實說明，企業文化的引導作用是無窮的。即使是航空服務業這樣的領域，將成本管理恰當地糅合到企業文化中，對企業的健康是百利無一害。而以「優良的產品」著稱的豐田，其企業精神卻是「從乾毛巾裡擠出水」。

有時候，你——這個企業的老闆——就是培養企業文化的最終責任人，你的性格將顯著影響你的企業。比如：一個軟弱的用人唯親的老闆，由於缺乏果敢積極的企業文化和管理氛圍，對於機構臃腫問題就會束手無策，只有坐等企業將來被層層的人浮於事慢慢蠶食殆盡。因此，我們可以預見，一團和氣的企業可能在人員管理方面存在潛藏的成本管理漏洞。因此，企業文化的弱點可能就構成了企業成本管理的健康隱患。從企業文化的角度，我們可以對公司潛藏的成本管理漏洞進行識別。所以，請問一下，你的企業文化中有關於成本控制的內容嗎？

同時，有的企業是如同斤斤計較的小市民，為了省下生產成本不惜在顧客身上下刀子。為了擴張市場，造假和注水事件層出不窮。一旦黑幕被揭發，整個企業乃至整個行業都會受到牽連，就如同三鹿事件引發的食品行業的信用危機。這樣的企業，無不被人質疑「人品有問題」。因此，品質是顧客的，更是企業的。一個可持續發展的企業必須考慮提供高品質的產品。生產高品質的產品，也是攢人品的過程。

但是，在醜聞頻發的當今社會，彷彿沒有什麼是不可以被忽悠的。事實上，一方面，現代媒體如同蒼蠅一般見縫就鑽，為了吸睛最喜歡爆料企業醜聞。另一方面，當企業做大做強之後，由於機構混雜，人員增多，控制所有的員工和部門越來越困難。故而，企業信用危機頻發，不斷挑戰消費者的忍受底線。

故而，由於品質具有重要地位，在成本管理角度，我們需要了解品質成本管理的內容。為了避免你的企業也成為顧客眼中的「腹黑」，請把你的企業變成「看上去單純的可愛少女」。你知道為什麼別人都喜歡單純的孩子嗎？早在布希連任總統成功的時候，有人做過調查，為什麼長相不佳的小布希會連連當選美國總統。一位老婦人解釋了自己為什麼把選票投給他：「因為他長得就想加油站的憨厚小夥計，我放心把自己的國家交給他。」想要把你的企業變成可靠的憨厚小夥，外表固然占有優勢，但在大眾的心理內在的品質才是至高無尚的，因而企業對品質足夠重視是占領市場的必備因素，又是企業永久不衰的致勝法寶。

創見十六：將成本控制融入企業文化

沒文化真可怕

由於現代人普遍缺乏宗教歸屬感，雖然說是無神論普及的結果，但是彷彿也沒人信仰科學主義的實事求是精神。社會價值觀有點混亂，群體氛圍也比較浮躁。當然，我主要也不是討論哲學價值觀的問題，謹此問你一個問題：你的企業為何而奮鬥？

我相信你個人的奮鬥總是有理由可循。無論是舊時代「結婚生子，成家立業」的傳統目標，還是以前的革命理想，都揭示了一個顛撲不破的真理：目標和使命是鼓舞著行為主體前進的不竭動力。一個堅定目標和胸懷大志的人，不論遇到重巒疊嶂還是龍潭虎穴，總是能夠克服重重阻力迎面直上。面臨日益激烈的市場競爭，最先被淘汰的總是膽怯懦弱、目光短淺的人。沒有目標的人彷彿就是激流中的浮萍，不知飄向何處，只是隨波逐流。一個心理素質強的人，擁有堅定的理想和目標，深知為何而奮鬥，為何而進取，也知道為何而妥協，為何而放棄。總之，對於行為個體來說，目標是行為的先決條件，是主體首先要考慮的價值因素。

什麼才叫有文化？（企業文化是什麼？）

對於綜合了眾多不同利益訴求的組織來說——比如你的企業——統一的目標和明確的使命十分重要。因為所有的企業成員總是各自追求自身的利益最大化，並非與組織的總體目標相契合。因此，必須有一個明確和完善的企業目標將個人的利益訴求和企業的經營目標結合起來，在充分尊重了成員的個體利益基礎之上，貫徹和鞏固企業使命，實現整個組織的團結和協調。

企業使命，回答的是「企業為何而存在」的問題，是企業開展活動的原則、目標和哲學；企業目標，就是解決企業「為何而經營」的疑問，是企業為了完成使命所訂立的具體要求。

例如福特的那句「為了每個美國家庭都能有一輛福特牌小汽車」就是比較典型的企業使命，而福特公司制定的到二〇××年在某地區的市場占有率增加百分之一，則屬於企業目標的範疇。同時，這個目標作為公司的總體目標，又可以層層分解至具體目標。例如：增加在該地的市場行銷活動的宣傳力度，要求產品設計部門開發新的汽車型號以適應和吸引該地區的潛在消費者。

企業文化底蘊，是企業不同於別的企業的特殊的文化，是經營宗旨、企業價值觀和道德行為的綜合體現。對於內部的員工來說，企業文化既是動力又是約束。謂之動力，是因為企業文化涵蓋了是整個企業的目標和使命，是鼓舞企業員工的文化氛圍。其實企業文化的概念目前已經深入人心，現在不論是火鍋店還是 KTV，你總能看到他們的員工被集中到店面門口統一訓話。採用人員集合的方式，一方面是為了行銷宣傳、擴展知名度，另一方面也是凝聚團結、鼓舞員工士氣。企業文化並不是空穴來風故作深沉，它的確在促進企業的團隊意識和鞏固企業形象方面有很強的促進作用。

鑒於企業文化可以綜合反映企業使命，因此形成具有鮮明特徵的企業文化十分重要。實際上，企業文化也並非完全憑藉刻意而為之。管理者的行為處事方式對形成何種企業文化有著至關重要的影響，薩姆沃頓的節約性格構造了沃爾瑪天天平價的省錢理論，賈伯斯的新銳個性影響了蘋果公司的創新改革，那麼你的企業呢？

成本控制的文化管理

將成本控制融入企業文化中，對於成本管理會起到事半功倍的效果。企業文化的作用機理是「隨風潛入夜，潤物細無聲」，而成本控制的範圍也必須包括企業高層至基層。同時，成本控制具有長期性和穩定性，也就是說，成本降低是一個長期和穩定的管理過程。企業的目標在於長期發展，成本控制正是促進企業可持續發展的良好方式。

一提到將成本控制融入企業文化，似乎就是鼓舞企業推行葛朗台政策。一提到葛朗台政策，可能就和壓榨員工與掠奪顧客價值掛鈎。你看看豐田公司的口號——「以最低的成本生產品質最高的汽車」。透過這樣人性化的成本控制文化，企業的社會性和經濟性就比較好的融合起來了。

目前有許多中小企業將員工當做「理性經濟人」看待，認為員工是追求自身經濟利益最大化的經濟人，所以忽視了企業文化構建的問題。在誇讚這些老闆的經濟學學的不錯的同時，我想和你一起討論一下這個問題：企業的團體化和人性化，將有利於企業的成本降低，同時增加更多的價值。

你經常可以在電視上看到這樣的新聞，某計程車司機撿到錢包，拾金不昧交還給失主。失主感激涕零，希望給予司機報酬，但是被拒絕。

從行為研究的角度分析，人們在參與經濟活動中，通常涉及到兩個社會角色：經濟人和社會人。並且，這兩種角色在選擇行為方式時，採用的是不同的行為標準：經濟人通常以經濟利益最大化為目標，而社會人則更加崇尚人性和互助。在以上的生活案例中，我們可以發現同樣有這兩個社會角色的設定。在整個撿錢包的過程中，司機始終將自己作為社會人看待，因此採用的是道德高於經濟利益的行為準則。失主在評估對方行為的時候採用了經濟人假定，因此就希望採用經濟人的行為原則進行回饋。任何一個行為主體在選擇某種行為標準時，都會首先評估目前面臨的狀況：如果面臨的是經濟氛圍（比如績效考核，發薪水），行為主體會選擇經濟人假定，以追求個體利益最大化；如果面臨的是社會氛圍（比如樂於助人、路見不平），則會選擇社會人假定，使用道德標準指導行為選擇。

實際上，經濟人和社會人是企業內部的兩種角色性質。企業文化就是將採用經濟人角色為主的氛圍向社會人角色主導的環境轉變。「以廠為家」，「愛廠如愛家」，這些改革開放之初的口號就是努力將企業社會化的一個典型例子。而現在的企業口號更多使用富有人情味的語氣，也是希望將社會氛圍注入企業文化中。事實也證明，企業文化的承載方式更加人性化，有利於被員工傳承，更有利於被顧客接受。「我們努力使得每一個家庭都能買得起一輛福特牌小汽車」（福特公司），「我們為您省錢」（家樂福公司），這些已經融入企業文化的成本控制方式，不但被企業的客戶所認同，還成為公司的核心競爭力：將社會責任和經濟利益融合起來，以承擔著社會責任的形式承載著追求經濟利益的實質。

建立涵蓋成本控制理念的企業文化底蘊，就是為企業的日常成本管理樹立了信仰。你需要努力使得成本控制更有人情味，以無處不在的企業文化為傳播媒介，這樣的成本控制才會獲得認同並且深入人心。更加重要的是，如果採用企業文化代替特定的內部控制措施，可以將控制成本降至最低甚至為零：以情管理，效率最大、效果最優。

創見十七：品質至上還是成本領先，透過保證品質控制成本

不花錢討好客戶，前提就是令客戶滿意的產品品質。因此，全面品質管制是成本控制的一個重要相關概念。如何體現全面品質管制和成本控制的關係呢？我可以使用「信 ××，得永生」這樣的文字格式來概括：信品質，得永生。

1. 品質成本的構成

品質成本是成本的組成部分。很多人會說：「因為增加品質保證和品質檢查，會加重了企業的負擔，所以增加了企業的成本，和成本控制的理念背道而馳。」但是越來越多的人認為，為了節約成本而不恰當地降低品質，會引發顧客不滿意甚至法律糾紛，不僅造成直接經濟損失，還會破壞企業的聲譽。這些無形和有形的損失合計數將遠遠超過企業提高產品品質所花費的成本。一般認為，品質成本包括四個部分：

預防成本

預防成本被定義為提供產品和服務之前發生的成本，目的是為了防止出現不合格產品。比如員工的培訓費用、採用品質控制技術的管理和培訓費用、改進品質措施的相關費用等等。這部分的成本是徹底降低報廢率和顧客不滿意程度的根本途徑。

鑑定費用

在產品和服務發生之後，以確保服務和產品能夠滿足顧客要求和品質標準所必須的成本，通俗地說就是核對總和評價產品服務品質的各種費用。比如：完工產品的檢驗成本、測試費用以及維護費用等。

內部失效成本

產品和服務出廠前或到達顧客前，產品的瑕疵和缺陷被識別出來，進而進行補救發生的成本。比如：檢查過程中不合格產品的退貨成本、瑕疵重製、報廢以及重新進行的檢查費用。

外部失效成本

產品和服務已經送達客戶，品質不足給企業造成的損失。比如：賠償損失、違約損失、降價處理、以及包退換情況下發生的退換成本等。

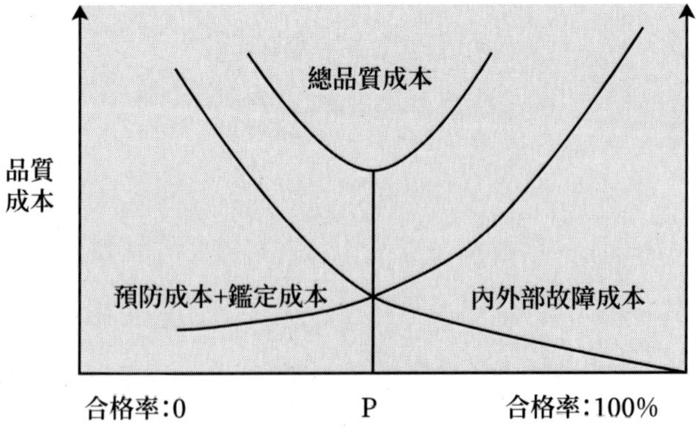

從這四類成本可以看出，這四種成本被區分為兩組：預防

成本和鑑定費用為一組，可以被理解為未雨綢繆組；內部失效成本和外部失效成本為一組，可以被理解為亡羊補牢組。我們可以比較明顯的看出，未雨綢繆組和亡羊補牢組分別呈逆向變動趨勢，企業對於未雨綢繆組的高投入可以顯著降低亡羊補牢組的損失水準。比如：企業採用新型的品質控制技術，提高了預防成本，可以顯著降低報廢率，因此降低內部失效成本和外部失效成本。故而，企業需要面臨的問題就是權衡利弊，兩種類別成本取其少者。

現代的觀點認為，產品的高品質可以降低成本，因為維修和瑕疵重製帶來的損失更多，同時高品質培養忠誠客戶，帶來的是長期利潤的最大化。

實施品質成本的控制也很容易。在管理會計的帳簿裡，將品質成本列為一級科目，下設如上的四個子科目類別，期末進行匯總，採用趨勢分析和比率分析，透過分析品質成本的構成，可以了解企業目前的品質狀況。如果企業的亡羊補牢組的成本（即內部失效成本和外部失效成本）過高，則意味著企業需要投入更多的未雨綢繆成本。

另一方面，我們也可以看出，預防成本和鑑定成本並非越高越好。當企業由於過度迷戀高品質而過多地引用新的品質控制技術時，雖然失效成本隨之降低，但是高品質帶來的利潤卻趕不上飛速增加的預防鑑定成本。這也就是常說的「過猶不及」。當然，一般的企業還不會如此發揚無私為人服務的精神地陷入這種局面。對於企業來說，如何找到這兩組的成本最低交叉點十分重要，因為此時的品質總成本是最低的。

2. 如何實施品質成本管理

為品質成本管理建立目標：

品質成本管理的相關目標分為兩種類型：量化的指標和非量化的指標。量化的目標包括製造中的報廢率、抽樣合格率、客戶的抱怨次數、退貨金額和退貨次數等。非量化的目標包括生產流程的穩定情況、員工對於品質的觀念、產品認證管理、客戶售後服務等。實施的品質成本管理通常和部門負責人的考核掛鉤，制定相應的獎懲考核機制，鼓勵先進，鞭策落後，保證品質成本管理的實施和品質控制目標的完成。

將品質成本指標化管理：

指標化管理是最容易的管理方法之一。我們可以把以上四種指標分別細化：

預防成本：

員工培訓費用率 = 員工培訓費 / 銷售收入

新產品的審核成本率 = 新產品審核成本 / 銷售收入

供應商篩選成本率 = 供應商的檢查費用 / 銷售收入

鑑定費用：

檢查費用率 = 檢查費用 / 銷售收入

測試費用率 = 測試費用 / 銷售收入

內部失效成本：

停工損失率 = 停工損失 / 銷售收入

產品報廢率 = 廢品損失 / 銷售收入

瑕疵重製損失率 = 瑕疵重製損失 / 銷售收入

外部失效成本：

客戶抱怨費用率 = 抱怨處理的費用 / 銷售收入

折扣費用率 = 銷售折讓 / 銷售收入

售後服務費率 = 售後服務費用 / 銷售收入

3. 品質成本的管理工具

在品質控制領域，還有許多品質控制的專業工具，被專業人士分別稱為老七法和新七法。老七法包括：檢查表法、直方圖、散布圖、帕累托、流程圖、因果圖和控制圖。新七法包括：親和圖、樹狀圖、PDPC 法、矩形圖、交互箭形圖、優先矩陣分析法和活動網路圖。老七法的使用比較普遍，而新七法的應用則稍微少一些，但是都是品質控制的分析工具。

老七法：

（1）檢查表法，又被稱作調查表法，調查人員使用簡單易於了解的標準化圖形，再加以統計匯總其資料，即可提供量化分析或比對檢查用。就好像我們常在美國電影裡看到的

checklist，每當某件事完成後，主人公總會自得地說：「check ！」

（2）直方圖（histogram）是記錄某種現象發生的頻率的分布圖。我們可以透過某事項發生的頻率來尋找影響品質的最大因素。很明顯，頻數最大的就是我們需要尋找的目標。

（3）散布圖又稱散點圖。它是將一種現象隨另一種現象出現的情況用點的方式標記下來的分析工具，用於觀察兩種現象之間的關聯程度。實際上，尋找品質和現象之間的關係也就是尋找導致低品質的原因。

（4）帕累托法（Pareto 定律）又被稱作排列圖法，帕累托表（Pareto diagram）是一種柱形排列圖，它用柱形的大小標識某一現象隨其他現象出現的比率，並透過比較分析影響這一現象出現的主要原因。其實就是 80/20 定律。因為帕累托最早用排列圖分析社會財富分布的狀況，他發現當時義大利 80% 財富集中在 20% 的人手裡。這個 80/20 經常應用在許多領域，包括我們的品質成本領域。美國品質管制專家朱蘭博士運用帕累托的統計圖分析尋找影響品質的因素，借用這種統計圖可以找出影響品質頻率最高的因素。

（5）流程圖（flow chart）用來記錄某種現象每天的發生情況，為尋找現象發生的週期性和規律性提供直觀的依據。實際上，這和我之前所介紹的計畫項目評審技術異曲同工，都是評估一個過程的工具。

（6）因果圖（cause - and - effect diagram）是用來進行流程

分析的一種圖表。把對產品品質有影響的問題，加以分類並條理化，用箭頭的形式反映其因果關係。通常被應用於紛繁複雜的原因下導致的低品質問題。

（7）控制圖（control chart）是把實際發生的狀態與計畫相比較的一種圖形表達方式。在圖中，同時標記計畫狀態（平均狀態或理想狀態）和實際狀態，以觀察執行過程與計畫之間的差距。

新七法：

（1）親和圖（affinity diagram）又稱親密圖、分層法或KJ法，是日本學者「川喜田二郎」開發推廣的一種品質管制方法。

（2）樹狀圖（tree diagram）是一種結構分析圖，它首先列出影響品質問題的幾個主要的方面，然後在這幾個主要方面進一步分析各種具體的因素，從而對某種品質問題的深層原因進行分解剖析。

（3）PDPC法（process decision）是透過過程決策來防止某種問題發生，並在這種問題萬一發生的情況下使其影響降到最低的一種品質管制方法。

（4）矩陣圖（matrix diagram）是運用決策表來分析兩組意見之間相互關係的品質管制工具。它適用於全面系統的關聯分析。

（5）優先矩陣圖（prioritization matrices）幫助決策者將各

種決策因素按重要性進行排列，以便對其中重要的因素進行進一步的分析。

（6）活動網路圖（Activity Network Diagram）是一種專案管理的圖表工具，它標明在眾多的活動中，什麼活動是必須執行的，在什麼時候執行，其結果應當是什麼。

（7）內部關係圖（interrelationship digraph），又稱交互箭形圖，將一組意見用箭頭相互連結起來。其中只有箭頭指出、而無箭頭指向的意見被稱為「根本事項」（root idea），將被作為改進系統的重點分析物件。交互箭形圖經常與親和圖接合使用。

最後，許多的管理會計可能會將品質成本的管理結果寫成一份品質成本分析報告。每個公司都有不同的表達形式，但是其實質是相同的。一般的品質成本報告通常包括這幾個方面：品質成本計畫指標完成情況分析（常常會分部門、分產品列示），品質成本的構成分析（常常以表格、餅狀圖表示），品質成本的有關指標分析，品質成本有關趨勢分析，品質成本水準分析、品質改進結果的經濟分析、以及最後提出的改革建議。

創見十八：降低錯誤就是降低成本

成本就是付出的代價，而衡量代價值得不值得，就是產品的品質。因此，讓成本花的「值得」，就必須要提高品質，降低錯誤率。

上文提到的新七法和老七法中對品質的重視大多體現在生產領域，而六標準差管理則將全面品質管制貫徹到企業的理念層。六西格瑪管理使得許多企業在降低差錯的同時獲取了更多成本縮減空間，更是增加了顧客的認同感，使企業轉危為安、轉安為增。

西格瑪——「σ」是希臘文的字母，是用來衡量一個總數裡標準誤差的統計單位。六西格瑪管理是企業進行品質控制的管理手段，最早在摩托羅拉公司應用，後來被 GE 公司推廣。達到六西格瑪的程度，則意味著在一百萬個機會裡，只找得出三點四個瑕疵。一般企業的瑕疵率大約是三到四個西格瑪，以四西格瑪而言，相當於每一百萬個機會裡，有六千兩百一十次誤差。而三西格瑪，則表示產品的合格率已達至百分之九十九點七十三的水準，只有百分之零點二七為次級貨。但是，三西格瑪的錯誤也可以表述為：每年有兩萬次配錯藥事件；每年大約有一萬五千個嬰兒出生時會被拋落地上；每年平均有九小時沒有水、電、暖氣供應；每星期有五百宗做錯手術事件；每小時有兩千封信郵寄錯誤。也就是說，如果是大量發生的事件，即使是小機率的差錯也是數量驚人的。因此，為了避免這樣的錯誤，企業應該謹慎以對，不斷提升品質要求，超越自我，努力達到零錯誤。

六西格瑪管理的思想源頭在摩托羅拉公司。他們將六西格瑪管理理念闡述為：錯誤率在百萬分之三點四，因此必須保證百分之九十九點九九九六六產品為無缺點。六西格瑪也提供了一種量化的比較標準，企業可以很容易透過計算自己的錯誤率，與六西格瑪進行比較，找出差距，提出改進方案。

其實，摩托羅拉公司並不是來自虐的。事實上，在上世紀一九八〇年代，風靡一時的摩托羅拉曾經面臨即將倒閉的厄運。追根溯源來說，由於上世紀一九七〇年代日本製造業的崛起，大量美國公司遭受重創。摩托羅拉的一個生產部門被日本企業兼併後，在同樣的技術、人員和設備的基礎上，經過日本式管理的改革，居然這個生產部的次品率僅為原來的百分之五。在市場競爭中，嚴酷的生存現實使摩托羅拉的高層接受了這樣的結論：「我們的品質很糟糕。」經過六西格瑪的推行實施，上世紀一九九〇年代，摩托羅拉成就了今天的輝煌，並獲得了美國鮑德里奇國家品質管制獎。更重要的是，摩托羅拉成了消費者心中品質上乘的代表，獲得了消費者心中的最佳品質獎。

通用電氣的六西格瑪管理理念包含：真誠關心顧客，根據資料和事實管理，流程為重，主動管理，協力合作無界限，以及追求完美，但同時容忍失敗。六西格瑪管理的基本要求就是在管理中應用了大量的數學和統計學知識：統計資料是實施 6σ

管理的重要工具，以數字來說明一切，所有的生產表現、執行能力等，都量化為具體的資料，成果一目了然。決策者及經理人可以從各種統計報表中找出問題在哪裡，真實掌握產品不合格情況和顧客抱怨情況等，而改善的成果，如成本節約、利潤增加等，也都以統計資料與財務資料為依據。你要是數學不好，就可以學習傑克威爾許。他培養了許多品質管制的高手，他們被稱為勇士（champion）、大黑帶（MBB）、黑帶（BB）和綠帶（GB）。我相信威爾許的統計學也不一定很優秀，但是通用公司卻一定培養了大量統計學的精英輔助管理。

六西格瑪管理包括五個階段的改進步驟 DMAIC：界定（define）、衡量（measure）、分析（analyze）、改善（improve）與控制（control）。透過這五個步驟，企業就可以完成品質改進的一個完整的步驟了。

總的說來，為何要強調品質？消費者越來越希望面對的企業是真誠的和可靠的。現代市場經濟的商戰中，老闆的精明往往從不外露，這也是大智若愚的表現。要小聰明的企業越來越難以立足，而真正智慧的公司是一步一個腳印地前進，實實在在地印在了顧客的心裡。

現在舉一個經典實例說明品質處在消費者心中的地位：

眾所周知，德國製造領導全球的製造業，作為德國製造業中典型的家族企業，nobilia 柏麗用六十年的時間，將「德國製造」專注的精神內涵溶入到廚具產品中去，正如德國柏麗廚具總裁說的:「我們沒法說自己擁有最好的食物、能講最好的笑話，但我們的產品一定是擁有最高的品質，我們對品質抱有一種敬畏之心，始終堅持著對品質的追求。」正因為柏麗這種打造產品的精神，成就了柏麗成為德國第一家通過 IS0 9001 認證的廚具企業，並因此奠定了德國廚具的行業標準。

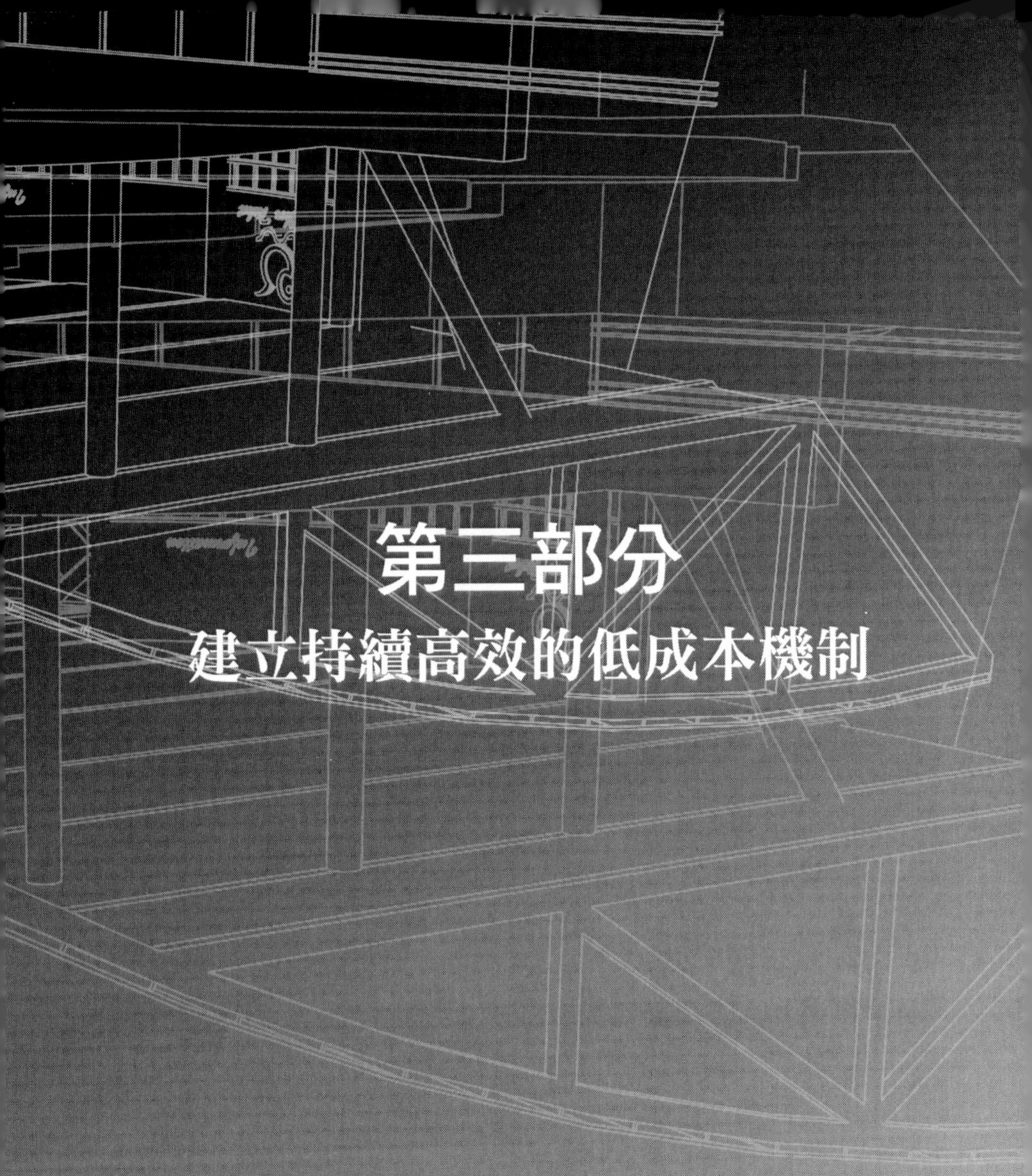

第三部分

建立持續高效的低成本機制

鑒於成本方面的疾病具有頑固性和長期性，我鼓勵你閱讀這一篇章的內容。該篇章包括基本的成本控制方面的財務知識（查漏補缺、普及教育），同時還包括一些成本控制管理在實施過程中的常見問題（體現為成本控制的陷阱）。最後，我要教你幾個健康小知識，讓你的企業保持健康，不用久病也可成醫。

這也就是為什麼我總是說，企業的身體素質更加側重於需要用中醫「養」，而不是用西醫「治」。中醫講究的是全面的、可持續的柔性改進和完善。如果企業目前面臨的並非火燒眉毛的致命問題，我更加推薦你採用治本的原則改變企業的生活習慣。在複診階段，我介紹的這些財務常識的目標也正是促使你更加全面的進行企業成本控制管理，你所要做的就是傾聽、銘記、以及應用。

即時監控的財務資料

財務知識的基礎是數位，看懂數位才能實施財務控制。成本控制管理作為財務管理的一種，也是以大量的資料為依託。資料雖然很重要，但是資料本身不代表什麼，重要的是資料背後的財務會計意義。

不了解會計和財務的人常常認為會計和財務需要應用大量的數學知識。因此，很多人對會計和財務有種恐懼感，這種恐懼感大多來源於對數學的恐懼。實際上，我需要為會計和財務伸冤：財務管理與會計和數學沒有「半毛錢」的關係——如果硬是說有，那也就是一分錢的關係吧。財務知識不一定要以高深的數學知識為基礎，所以你千萬不要對財務數字什麼的有恐懼感。作家鄭淵潔說，要做個企業家，小學四年級的數學水準就夠用了。你要是高中畢業，那就應該屬於超額完成任務，學習財務知識是絕對沒有問題的了。大部分的財務資料的計算以加減乘除為主，輔助了開平方以及乘方等初中數學知識，再高級的基本沒有。

你去菜市場（或者超市）買過菜嗎？會買菜算帳嗎？如果答案是會（我相信即使從小就是高富帥、白富美的孩子們還是了解如何買菜的），那就說明你已經掌握了財務知識的基本概念了。其實，所謂實踐出真知，只要你長期在菜市場從事買賣工作（包括買和賣），都已經具有初級財務會計知識，只不過沒有上升到理論層次。在此，我只是引導你發掘內心深處的財務潛能，讓你的財務和會計知識從買菜的層次上升到企業管理的層次。如果你沒有買過菜，那強烈建議你移步附近的菜市場（攤位亦可），你一定會在最短的時間內學到足夠的財務基本知識。

創見十九：精確計算成本

有了買菜作為基本知識，我相信你可以很快學會財務成本的基本內容。在上面的篇章裡，我無數次的提到成本控制，那我問，你知道企業的成本是如何計算出來的嗎？

提出這個問題的我絕對不是在侮辱你的智商。其實，成本的計算遠非簡單的1+1地套公式。實際上，成本的核算是十分複雜的，因此會計學才有一門分支學科叫做「成本會計」。大部分的製造業企業由於成本核算過於複雜，因此會設置一個甚至幾個成本會計人員專門核算成本。我希望你了解成本的基本計算方式，是因為成本的計算方式可能會影響成本管理的方式。在有些情況下，更換成本計算方式一定會影響短期的成本資料，進而產生了成本控制的「陷阱」——彷彿成本管理生效了，成本降低了，但是接下來是報復性的反彈。另外，了解成本的計算也是為了了解成本的內容，方便你更加了解自己企業的經濟業務。

在這本書裡，成本是一個廣義的概念。既包括狹義的成本，又包括日常經營中的費用，總之是一切開支和耗費的綜合體現。而在這個部分裡，我主要介紹的是狹義的產品成本，因為只有狹義的產品成本才牽涉到複雜的計算方法——簡單的日常費用的核算只要會使用加減乘除即可，我就不侮辱你的智商了。

1. 成本計算的基本原則

（1）正確劃分應計入產品成本和不應計入產品成本的費用界限。

雖然廣義的成本既包括成本又包括費用，但是管理銷售的費用支出，以及非正常生產經營活動的耗費不能計入產品成本。因為產品成本和非產品成本的管理控制方式不一。如果籠統計入，既不符合會計核算要求，也不利於管理控制。

比如：市場行銷部門為了開發市場舉辦行銷活動，你就不能把這筆帳直接算在生產部門的成本中。因為你不可能透過要求生產部門加強生產績效考核，以降低市場行銷的成本。另外，正如地震和生產部經理的績效沒有關係，非正常損益也不能進入產品成本。

（2）正確劃分各會計期間成本的費用界限。

會計的基礎是分期核算，要求及時反映企業的經濟狀況、經營成果和現金流量。故而，產品成本的計算經常遇到成本核算需要劃分會計期間，需要把成本劃分為可以計入當期的以及不可以計入當期的。另外，會計原則還要求權責發生制，而並非收付實現制。換句話說，目前發生的所有成本不一定都歸屬於當期。

比如預先支付的廠房租賃費，在支付時並非一次計入當期成本，而是分期慢慢計入產品成本——否則在付房租的時候，企業會面臨前所未有的低利潤甚至巨大虧損。

（3）正確劃分不同產品的費用界限。

凡是能分清由某種產品負擔的直接成本，應直接計入該產品成本；各種產品共同發生，不易分清應由哪種產品負擔的間接費用，則應採用合理的方法分配計入有關產品的成本，並保持一貫性。

企業的很多成本支出是同時在多項產品上花費的，舉個例子，舊社會的多子女家庭如何將一件衣服給三個孩子？普遍的原則是——「新老大，舊老二，縫縫補補給老三」。那麼就涉及到一個問題，究竟這件衣服的成本該攤到誰的頭上？根據以上的會計原則，你可以將衣服的成本三分天下：老大分到的成本最高（因為是第一次穿），老三分到的成本最低（因為衣服都已經接近報廢）。

（4）正確劃分完工產品和在產品成本的界限。

一般而言，企業的生產一定會有完工產品和在產品。因此，完工產品需要及時轉為庫存商品進行核算，只須待到銷售之際，將完工產品的成本計入實現了的營業成本。在實務中，同一個批次的產品狀態是混雜了完工和未完工，因此需要估計完工比例，這就需要依靠生產部門的資料進行估計。

2. 成本核算分類

不同企業可能有不同的成本計算制度。不同核算制度下的成本是不一樣的。這裡有三組相對應的成本制度組：

（1）實際成本計算制度和標準成本計算制度

為了呼應標準成本管理的改革大潮，實際成本和標準成本的不同核算方式也營運而生。實際成本計算制度下，產品以實際所有的成本記錄為依據核算。而標準成本計算制度下，訂立產品的標準成本，同時記錄實際成本和標準成本的差異，並以此作為分析實際成本和標準成本的基礎。在標準成本管理制度下，標準成本計算制度可以使得成本管理更加方便，同時也可以及時反映產品的實際成本。

（2）全部成本計算制度和變動成本計算制度

鑒於固定成本和變動成本採取不同的管理方式，核算的時候很有必要將他們分開。因此，在傳統的全部成本計算制度基礎之上，企業在內部核算成本時，只記錄產品的變動成本，而把固定的製造成本記為期間費用。故而，企業可以使用不同的方式對不同的成本進行管理。

（3）產量基礎成本計算制度和作業基礎成本計算制度

這種劃分牽涉到共同的間接費用在不同產品之間的劃分問題。傳統觀點下，產品的產量是分配生產費用的基礎，產量基礎成本計算制度就是這種分配方式，但是實際上很多產品之間不具備可比性（比如一架飛機和一個螺絲釘），因此不能按照產品數量分攤間接費用。

舉例說明，上文說到的一件衣服如何分配到三個孩子身上。我們剛才提到可以按照孩子的人數分配衣服的攤銷價值——這就是產量基礎成本計算制度。但是老三不滿意，他覺得衣服分到自己的身上的時候都已經破破爛爛了，因此要求按衣服的使用年限為攤銷衣服成本的驅動因素。

成本動因，就是促使成本增加的原因。相同的成本動因下發生的成本劃分為一類，然後再根據動因將成本攤到不同的產品上，也就是所謂的「產品消耗作業，作業消耗資源」，這就是作業成本計算制度的理念。

例子中的衣服的攤銷問題，比如一件衣服的價值為三十元，在以人數為驅動因素的計算方式下，老大、老二、老三每人平均可攤到十元。如果採用以衣服的使用程度來攤銷，老大可能攤到二十元，老二攤到十五元，老三攤到五元。

3. 成本計算方法

這三種核算方式必有一款是你的企業正在使用的。這三種計算方式將不同的視角投向了成本計算物件——是產品品種，產品批次，還是生產步驟？

以產品品種為計算物件——品種法。

品種法下，將產品按照品種歸集費用。所有的生產費用和產品成本在發生時，立即歸集到不同的產品名稱下。這種核算方式是三種方法中最簡單的，適合的是大量的單步驟生產方式的企業，比如簡單產品的製造。

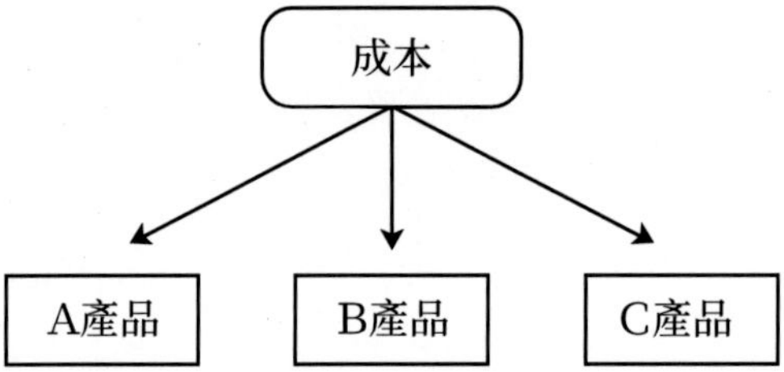

以產品批次分別為計算對象——分批法。

分批法是品種法的延伸。現代企業一般以銷定產，以訂單為生產動因。因此，產品成本的核算以訂單中的批次為核算物件。一般的成本計入方式和品種法大同小異，也就是以批次替代品種，將產品成本按不同批次劃分。但是，品種和批次存在顯著不同：同一批次是同時生產同時完工，因此可能在某時間點所有的產品都是在產品，故而不需要再考慮完工產品和半成品的分配問題。

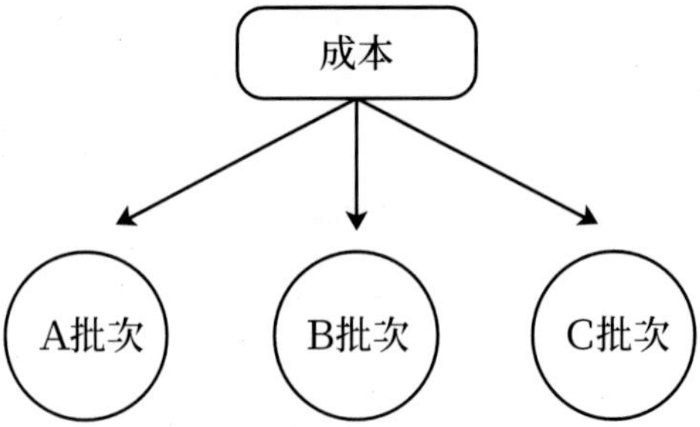

以生產步驟為計算物件——分步法。

在大批量多步驟的生產方式所喜愛，分批法是廣泛應用的一種成本計算方式。由於產品需要多個步驟才能完成，因此必須同時按照產品品種和生產步驟計算歸集產品成本。

在分步法下，根據是否將停留在不同步驟的半成品歸集到不同的品種下，又劃分為逐步綜合結轉和平行結轉兩種方式。

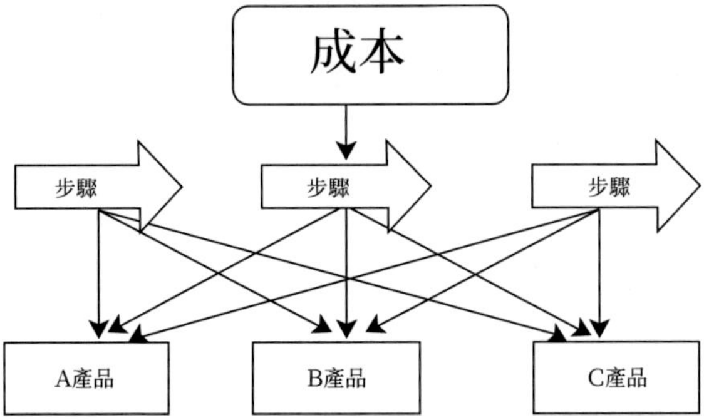

以上的圖表示的是逐步綜合結轉的分步法。也就是將每個步驟應歸屬於某產品的成本直接歸屬到該產品下。而平行結轉的分步法則將每個步驟的份額計入最終完工的產品中，而不再計算每個步驟的半成品成本（如下圖）。

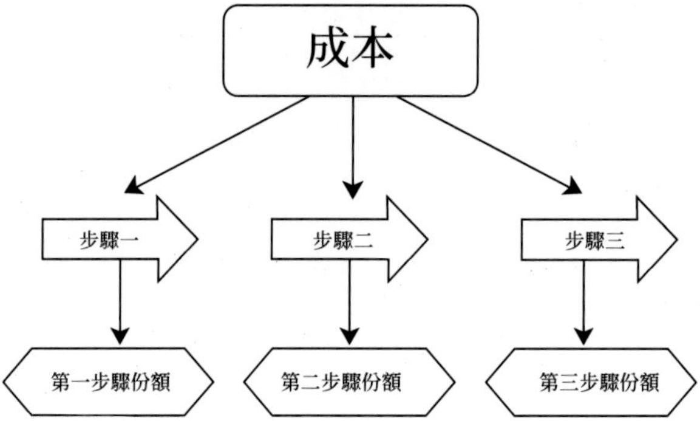

這三種成本計算方式只是核算方式的不同，主要的差別還是體現在成本計算對象的差異。不同的成本計算物件體現了企業的不同管理方式。比如：品種法下的成本物件是以品種為劃分方式，因此如果需要進行成本控制管理，則企業會區分不同的品種下如何降低成本；而分步法的核算體制下，成本管理的側重點和出發點需要從降低每個步驟的成本出發。總之，記錄的方式一定會影響管理和考核的方式。

創見二十：解讀影響企業生命力的財務指標

透過以上對於產品成本核算方法的介紹，你應該從產品成本計算的角度對會計的記錄功能有了一個感性的認識。希望我沒有把問題說的過於複雜，使得你喪失了學下去的信心。其實單純從成本的計算來看，彷彿沒有什麼高深之處。

正如小時候你學 1+1=2 的時候，舉手問老師為什麼會這樣，老師總會讓你先記下來，沒有什麼具體的道理。生活不是腦筋急轉彎，總是有很多約定俗成的東西，不給出原因的事情是最沒有意思的。但是如果從管理的角度來說，會計和財務就十分有趣了。就好像密碼的解讀一樣，每一個資料背後都有自己的含義。把許多密碼的解釋聯合起來，就拼成了企業的現狀，只有了解了現狀，你才會知道如何改進。

因此，財務的功能除了記錄，還有決策。在決策之前，你需要將企業的財務指標結合起來分析，形成企業的現狀，才能在此基礎上提出建議和改進措施。企業的生命力由許多因素決定，這些因素可以透過財務指標進行反映。如果你要為企業的成本控制整體把脈，必須了解企業的財務指標。

1. 企業的財務競爭力有哪些？

德智體群美全面發展：素質競爭下的企業綜合能力

通常說來，對一個企業的財務分析包括幾個方面：償債能力、盈利能力、營運能力和發展能力。這四項分別從企業的三張報表上取出資料進行分析：資產負債表、損益表、現金流量表。而作為企業的內部人士，一般可以選擇管理用的報表進行分析。

首先，償債能力主要是指企業償還不了到期債務的能力。如果企業無法償還到期債務，債權人有權利申請企業破產。另一方面，如若你的企業打算籌集資金，償債風險也是新的債權人要考慮的必備因素。償債能力分為短期和長期。短期償債能力考察企業短期內（通常為一年）償還到期債務的能力，因此和破產風險密切相關；長期償債能力從鳥瞰的角度反映了企業所有債務的償還能力，是企業籌集新的資金之時投資人考察的重點。償債能力通常涉及企業的資產負債比，也涉及到了我在第二篇中介紹到的「身高體重比」。企業擁有合理的資產負債比率，則意味著企業有一個良好的體格。

盈利能力，是企業獲得利潤的能力，也是企業的核心考察指標之一。這個指標和我們的成本控制密切相關。實際上，如果成本控制管理實施到位，會大幅提升企業的盈利能力。因此，在考察成本控制管理的實施效果時，企業的盈利能力有否發生變化，可以作為一個複查和評價指標。重視盈利能力指標固然無可厚非，但是單看這項指標無異於一葉障目不見泰山、盲人摸象。盈利能力畢竟無法代表企業的綜合素質。

營運能力是指企業資產管理效率的能力。資產運作是否高效能，其實也就是我提到的「血液循環」。如果企業資產流轉比較快，盈利能力就比較好，正如人體的血液流動比較快，造血機能就相對比較好。

發展能力，是企業未來發展的前景指標，通常以企業的研發能力、人才儲備等為先行指標。我們可以想到的是，如果企業的研發支出比較大，或者銷售的增長率比較高，則可能意味著企業更具有未來發展潛力。正如十歲的孩子吃的多、長得快一樣。目前的成本可能比較大、消耗量比較多，但是現在的支出可能是將來更好的發展所必須付出的代價。因此，分析成本控制時並非一刀切地越低越好。所謂的降低成本是降低整個生命週期內的所有成本，因此必須結合企業的整體發展和未來前景來進行成本管理。

同時，如果是上市公司，還會涉及到市價這個問題。正如馬克思經濟學原理是如何解釋商品的價值：社會必要勞動時間決定商品的價值；商品價值決定商品價格；供需水準影響商品的價格。

公司的價值符合商品價值原理：公司的價值是公司內部的管理層、員工以及其他相關人員努力創造的，公司的價值由他們的智力勞動決定。這也是為什麼高品質的公司總是有一群高智商的管理團隊和員工隊伍。同時，公司的股價還要受到投資者影響——也就是需求方的影響。投資者對公司的評價高，公司的股價則越高。這就造成了公司股價偏離了公司價值。

但是，由於商品價格總是圍繞價值上下波動，因此當價格過度高於或者過度低於本身的價值，總難逃離下降的頹勢。因此，企業的發展能力還可能受到公司的市價影響：股價畸高之後，可能會難免下降的趨勢。這就是「股神」巴菲特為什麼從來不投資本益比過高的公司，過度的追捧，這很可能會導致企業變成了「壓力山大」。

2. 財務密碼包括哪些？

既然企業的生命力的衡量包括四個方面：償債能力、盈利能力、營運能力和發展能力，那麼，接下來我依次介紹分別代表這四個方面能力的財務指標：

首先，償債能力：流動比率（短期償債能力）、速動比率（短期償債能力）、資產負債率（長期償債能力），利息保障倍數（長期償債能力）等。

A. 流動比率 = 流動資產 ÷ 流動負債

B. 速動比率 = 速動資產 ÷ 流動負債

C. 資產負債率 = 負債總額 ÷ 資產總額

D. 利息保障倍數 = 息稅前利潤 / 利息費用

流動比率和速動比率都是衡量償債能力的指標。雖然從名字上看，這兩個指標似乎是反映資產營運能力的，但是名稱中的「流動」和「速動」都是形容償債資產的「流動性」——資產是否足夠流動以滿足即將到期的債務。而資產負債率和利息保障倍數則體現了公司的所有債務（不論到期與否）是否可以滿足償還要求。資產負債率直接就體現了這個要求，而利息保障倍數則間接體現長期負債的特徵——香港黑幫電影中，放高利貸的混混常說：「這五萬塊只是利息！」因此，如果企業可以保障長期債務的利息可以償還，則可以暫時避免債權人的「騷擾」。

其次，盈利能力：銷售淨利率、總資產淨利率、權益淨利率等。

A 銷售淨利率 = 淨利 / 銷售收入

B. 資產淨利率 = 淨利 / [（期初資產總額 + 期末資產總額）/2]

C. 權益收益率 = 淨利 / [（期初所有者權益合計 + 期末所有者權益合計）/2]

銷售淨利率，體現為每一單位銷售帶來的淨利。這個指標經常被很多人（尤其是外部投資者）使用。但是如果從內部管理的角度，該項指標的變形則演變成了我們成本管理中經常使用的指標——成本利潤率（成本利潤率 = 利潤總額 ÷ 成本費用總額）。至於資產淨利率和權益淨利率，則站在了企業整體的角度來衡量盈利能力。

第三，營運能力：應收帳款周轉率、存貨周轉率、總資產周轉率等。

A 應收帳款周轉率＝銷售收入淨額 ÷ 平均應收帳款餘額

B. 存貨周轉率＝銷售成本 ÷ 平均存貨

C. 總資產周轉率 = 銷售收入 /[（期初資產總額 + 期末資產總額）/2]

看到這裡是否覺得有些熟悉？在前面的創見中，我曾經仔細解釋過應收帳款周轉率和存貨周轉率。每一個公司的資產都可以帶來經濟利益，但是不同企業中資產帶來經濟利益的速度是不同的，故而企業的資產流動速度構成了企業綜合能力考核的重要組成部分。一般來說，應收帳款周轉率、存貨周轉率以及總資產周轉率的數字越大，說明企業的資產營運能力越好。

最後，發展能力：銷售（營業）增長率、資本累積率，產品市場占有能力（服務滿意度）等。

A. 銷售收入增長率＝本期銷售收入增長額 ÷ 上期銷售收入總額

B. 資本累積率＝本年所有者權益增長額 ÷ 年初所有者權益總額

你應該已經發現，銷售收入的增長率和資本累積率都是一個增長率的概念。發展能力就是從發展的角度考核企業的未來潛在的競爭力。首要地，銷售收入是企業發展的最大驅動力，銷售增長率從原因的角度代表了企業的未來發展潛力。因此，如果銷售收入增長快，意味著企業越來越受到市場的認可，可以獲得越來越多的收入。資本累積率則從結果的角度透析了發展能力，因為對於所有的企業來說，發展壯大的結果就是促使所有者權益的增加。另外，企業的發展能力更多的體現在非財務指標上。比如產品的市場占有率，顧客的滿意程度，管理層的領導能力，員工的技術資格水準等。要考察企業的發展能力，必須先從企業的性質入手。如果企業身處服務行業，則我們需要知道它的服務是否令顧客滿意；如果企業是生產企業，則新產品的開發和市場的拓展則可以說明企業的未來前景；如果企業歸屬於勞動密集型產業，那麼企業內部有多少人才、管理層是否具備高水準的領導能力，這些都是企業發展能力的代名詞。

3. 輕鬆解碼：怎麼看財務資料？

雖然韓寒說全面發展等同於全面平庸，但是對於公司而言還是穩妥的全面發展最為有利。單方面地追求利潤數位的「好看」，已經把很多公司拖下了水。不論是國外的安隆公司到中國的銀廣夏，都是典型的患有「不顧一切追求利潤以至於極端地歇斯底里」症候群。這些公司的管理層都是「不盈利會死」星人，至於對公司的其他方面往往是一概無視。故而，作為企業管理者的你還是應該了解：衡量企業生命力的財務指標遠非盈利指標可以「畢其功於一役」的，強大的綜合能力才是現代企業競爭力強有力的後盾。

既然已給出了財務指標，下面該是解碼的問題了。解碼的方法可以分兩大類：比較分析和因素分析。比較分析透過分析我們的企業和目標參考物的差距揭示綜合競爭力；因素分析則逆流而上，尋找指標的驅動指標來考察原因對差異的影響程度。

比較分析採用「不比不知道，一比嚇一跳」為指導原則。這種方法主要涉及到尋找合適的參照物。計算出來的財務指標可以和同行比（橫向比較），可以和自己的過去比（趨勢分析），也可以自己的未來和比（預算差異分析）。一般而言，財務指標橫向比較需要找到行業最優和行業平均作為參考；趨勢分析需要回歸至企業的三年到五年的歷史；預算差異分析則需要以制定的預算為前提。這種比較分析方法廣泛流傳於大街小巷，被許多國人使用，相信兒時的學生時代被排名次等教學手段荼毒過 N 次的你一定對此熟稔於心。

因素分析則溯洄從之，尋找指標的變動原因，進而挖掘出更深層次的主要矛盾。

例如：某企業需要分析材料費用變化的原因。材料費用由產品產量、單位產品材料耗用量和材料單價組成，該企業的相關資料如下：

項目	單位	去年	今年	差異
產品產量	千件	12	14	2
單位產品材料消耗量	千克 / 件	9	8	-1
材料單價	元 / 千克	5	6	1
材料費用	元	540	672	132

去年的指標：12×9×5=540 (千元)　①

第一次替代：14×9×5=630 (千元)　②

第二次替代：14×8×5=560 (千元)　③

第三次替代(今年的指標)：14×8×6=672(千元) ④

變動數：

產量增加的影響：② - ① =630-540=90（千元）

材料節約的影響：③ - ② =560-630=-70（千元）

價格提高的影響：④ - ③ =672-560=112（千元）

全部影響數：90-70+112=132（千元）

透過指標的分解，將單純的材料費用變動分解為三個子指標，進而找出來源於三個部門的影響因素：今年的材料費用上升了十三萬兩千元，公司需要分析升高的原因。產量的增加可能來源於生產部門提高了生產能力，或者銷售部門採用了合適的市場開發戰略；材料節約可能是由於生產員工的生產技術提高，報廢率下降；價格提高則可能體現了原材料日趨緊俏，採購部門的採購費用居高不下甚至增長迅速，因此成本上升。

這種分析方式既可以為企業提供獎懲依據，又可以作為改進管理策略的主要方向：例子中的生產部門和市場開發部可能會受到褒獎，對採購部門則需要進一步關注和具體分析。

總之，要衡量企業的生命力，必須從這四個方面綜合考慮。換而言之，盈利能力傑出的企業可能會由於現金流乾涸而陷入巨大的償債風險之中，正如前文提到的愛多VCD——從「標王」到沒落；償債能力、盈利能力、營運能力均態勢良好，但是獨缺發展潛力，企業照樣不免死亡的厄運，正如柯達公司——固執地停留在膠卷底片行業，最終隨著膠卷底片一同被歷史埋葬。四個方面疊加計算的綜合素質體現了公司的整體競爭實力，而缺乏某方面能力的企業如同某方面的殘疾一般。所幸糾正短板卻也不是難於登天，只要企業管理層具有改進意識、及時查漏補缺，同樣可以化弊為利、揚長避短。

P.S. 一下，第一次接觸到這些指標的讀者們可能會覺得這些財務指標的名字比較繞口，相信我，你不是一個人。比如新認識一個人，你必須首先知道他叫「小明」。如果你需要和小明長期打交道（比如小明是你的新同事），雖然他的長相「很不小明」，你也必須要記住他的名字；如果小明，只是你家隔壁新搬來的鄰居，你可能暫時只需要記住他「很不小明」的長相。在此我介紹的財務指標也是出於同樣的目的。也許在你看完這部分內容之後仍然記不住這些財務指標的名字，但是你已經在腦海中形成了那個「很不小明」的長相，在未來如果有機會長期打交道，你一定會慢慢記住「小明」這個名字的。

識別成本管理的陷阱

財務指標可能也無法全面說明問題，如同 GDP 也不能代表某個國家的綜合競爭實力。因為財務指標畢竟是個有局限性的數字，深刻地受到會計核算方法和統計口徑的影響，另外，財務指標也僅僅是企業綜合素質的一個方面。迷信財務指標甚至可能造成企業價值觀的扭曲。世紀之初頻發的財務醜聞，從安隆公司到中國的「銀廣夏」，充分證明了高階管理層迷戀財務資料導致的惡果。許多非財務資料同樣可以體現公司現有的價值和未來的發展，例如市場占有率、企業的文化氛圍、員工滿意度、人才儲備量和對研發的重視程度等。

實際上，財務指標會騙人。今年企業並沒有實施什麼新措施，但是利潤卻大幅提升：除了市場環境發生變化，還有什麼原因可以導致這種天上掉餡餅的好事？

那麼我要提醒你注意，可能你遇到財務陷阱了。

創見二十一：會騙人的數字，財務資料操縱後的「業績增長」

企業的財務資料是證據，但是這種證據卻長著嘴巴，它們鼓舌如簧、見風轉舵。沒錯，我們的成本控制管理需要參考財務資料，甚至可以說財務資料是我們決策的重要依據。但是有時候你不能夠單純地完全相信它。因為有時財務資料是一個陷阱，當你一味地根據財務資料波動做出判斷，這些邪惡的資料會引導你走到死胡同裡。財務資料只是我們進行成本管理的工具，絕不是企業的信仰。就好比現在「以瘦為美」的時代，大量的女性耗費了無數的金錢和汗水，僅僅是為了體重計上一個數字的變動。更有甚者，盲目追求體重的減輕而非健康水準的提高，有的女性患上厭食症。企業的成本控制管理也是如此，盲目的追求成本控制後利潤的增加，會導致不同程度的「副作用」。成本控制管理的預期效果是提升企業成本控制水準，全面提高企業成本競爭力，而不是這一期的損益表上的扣除減項最小化。我們希望企業在成本管理方面更加健康，千萬不要買櫝還珠、捨本逐末。

在此請看下面這個案例：

在同一個月，兩個公司都在期末累計賣出 300 件產品，售出的單價假設都是 100 元。甲公司的利潤水準為 9600 萬元，乙公司的利潤為 7500 萬元。兩個公司同屬製造行業。請你判斷一下兩個公司的成本管理水準。

我絕對不是在侮辱你的智商。不過相信你既然閱讀了以上的文字，就不太可能直接沒過腦子地說「當然是甲公司的成本管理水準高一些啦」之類的。即使甲公司的成本管理水準比乙公司低，但是如果加上甲公司成本核算人員的聰明智慧，它就高過乙公司那麼一點點了。

在這個案例中，你要比較這兩個公司的業績，首先必須考察利潤具體組成。其實在我設計的這個案例中，兩個公司的成本是一樣的，銷售收入也是一樣的，但是卻得出了不同的利潤。這是為什麼？

首先請你玩一個遊戲——找不同：尋找下面兩個公司的存貨核算單有什麼不同。

甲公司的存貨核算單

單位：元

	入庫			出庫		
	數　量（萬）	單價	金　額（萬）	數　量（萬）	單價	金　額（萬）
1日（期初）	100	60	6000			
3日	100	68	6800			
15日	100	76	7600			
25日	100	81	8100			
30日（期末）				300	68	20400

乙公司的存貨核算單

單位：元

	入庫			出庫		
	數　量（萬）	單價	金　額（萬）	數　量（萬）	單價	金　額（萬）
1 日（期初）	100	60	6000			
3 日	100	68	6800			
15 日	100	76	7600			
25 日	100	81	8100			
30 日（期末）				300	75	22500

根據以上給出的兩個公司的存貨收發單，兩個公司都是生產程序完畢後入庫，因此入庫的單價就是該存貨的單位成本。出庫環節也就是銷售環節，出售的單價就是銷售成本。從兩個公司上半部分（30 日以前）的存貨核算單可以看出，這部分的資料都是一樣的，這意味著：兩個公司的生產程序、生產成本、銷售水準都是一樣的。按照常理來說，兩個水準一樣的公司本應該產生相同的利潤。其實正是會計核算方式的不同導致了這個幻象的產生。引用「劉謙」的話，下面就是見證奇蹟的時刻：

細心的你應該可以注意到，在期末的出庫單價一欄，甲公司是 68 元，乙公司則是 75 元。但是從以上的期初數和本期的入庫數來看，兩個公司完全相同，只是在會計政策的選擇時，甲公司採用的是先進先出法，乙公司採用的是後進先出法。

先進先出法，假定先進來的存貨是先發出去的，因此採用的銷售成本資料是先入庫的成本。而後進先出法，假定後進來的存貨是先發出去的，因此採用的銷售成本資料是後入庫的成本。在這個採購經理人指數不斷飆升的時代，門口攤的擔擔麵都漲價了。原料成本的上升是不可避免的趨勢，因此兩個公司的單位成本都從 60 元每件上升至 81 元每件。先進先出法下，甲公司的單位成本分別是 60 元、68 元和 76 元，而乙公司的單位成本分別是 81 元、76 元和 68 元。總的來說，甲公司的平均單位成本是 68 元，乙公司的平均單位成本是 75 元。

甲公司的利潤 =（100-68）×300=9600（萬元）

乙公司的利潤 =（100-75）×300=7500（萬元）

聰明的你應該知道究竟是為什麼兩個公司的利潤水準不一樣了吧？

因此，當原料價格等成本費用又在上漲，你想聘請一個財務管理專家，如果有「磚家」告訴你說：「我可以在一個月內大幅提高公司的利潤，同時又不改變公司的管理風格和人員職位。」而且，他不是市場行銷方面的專家。這時你需要立即提高警覺，並以以下的順序思考：第一，這個人是個騙子。第二，這個人是個大唬弄。

騙子，現代漢語解釋為是指把那些用狡猾的手段或欺詐的作法、特別是利用別人的輕信或偏見而謀取金錢或地位的人（詐騙集團）；而唬弄，是形容某人在公眾面前誇誇其談，譁眾取寵，而且有不真實的成分，常見於東北方言。騙子和唬弄之間區別，可能就體現在所導致的經濟後果上：該名「磚家」如果是個騙子，那麼一個月後，你的報表還是那種死樣子；如果該名「磚家」是個大唬弄，那麼一個月後，報表上的利潤有了大幅的改進，你很開心，在給他很多錢之後，他消失了，你的報表又變成了那種死樣子。

言歸正傳，我舉了以上的例子就是為了說明一個道理：財務資料很重要，是成本控制管理的重要依據。有效的成本管理方式可以顯著提升企業的經營成果，增加企業利潤。但是會計核算方式同樣可以操縱數位，達到貌似一樣的成果。但是這種操控方式是不健康的，換句話說，彷彿是透過注射嗎啡讓病人減輕痛苦，但是，痛歸痛，最後的藥效一過，你的企業還是老樣子，不會有顯著的改變。

因此，我們還是腳踏實地的進行自我反省，一步一個腳印地以成本控制的先進模範為榜樣。

創見二十二：盲目的資訊化專案投資不是成本控制的救命藥

本山大叔說的好：「好藥不看價格，那看啥呀？看療效唄。」

很多企業家盲目地相信越是新的技術越能夠帶領企業走出困境，邁向成功，成為行業領頭羊。隨著時代的發展和競爭的日趨激烈，新技術、新思想層出不窮，人們越來越意識到知識和資訊給企業帶來的強大作用。於是，一個又一個價格昂貴的高科技專案頻繁上馬，彷彿武裝到牙齒的現代企業管理制度就一定可以一夜之間促使企業的管理績效和盈利水準火箭式的上升。殊不知，有多少企業的新技術成為了企業的項目黑洞，最後使得該項目變成了企業的闌尾——完全是多餘，但是想要拋棄卻需要耗費更多的成本。

（1）白花錢的項目投資

專案黑洞和沉沒成本是相伴互生的兩個概念。項目黑洞本來是 IT 技術業界的一個辭彙，專指眾多的企業在 IT 應用方面的投資似乎遇到了一個巨大的「黑洞」，使得企業的大量投入見不到任何回報，這已成為 IT 光環之下無法抹去的陰影。而沉沒成本，就是促使管理層總是不願意放棄已經投入的代價，雖然損失已經造成，但是從心理上難以接受失敗，仍然盼望著可以挽回損失，因此不願意及時撤手、懸崖勒馬，以至於在錯誤的道路上走的更遠。

許多企業盲目地迷戀資訊化專案投資。但是，資訊化並不是振興企業發家致富的直接有效手段。據麥肯錫公司最近一項研究表明，在一九九五年到二〇〇〇年期間，創造美國生產力增長「神話」的主要力量，並不是對 IT 行業的高額投資。更具有諷刺意味的是，在絕大部分經濟領域中，對 IT 方面的大幅投資沒有起到任何幫助生產力增長的作用。這與普通人的看法是背道而馳的。隨著宣導新技術的一波潮流繼續席捲而來，根據調查，很多企業在應用 MRP Ⅱ 投資巨大，但是只有百分之十左右的應用成功率，更不用說達到期望目標了。現在，隨著 ERP 日趨火爆，又有很多企業在忍受著新技術應用帶來的傷痛。其實，像戴爾那樣的公司也受到過這種困惑：花費了兩億美元，折騰了兩年，最終還是取消了當時的 ERP 系統。

（2）有的專案投資為什麼白花錢了？

A. 目標不清晰

究其原因，大部分的企業資訊化失敗，都是由於目標不清導致的。「我也不知道為什麼要資訊化，但是大家都說資訊化可以提升企業的生產力，所以我們企業才花了大價錢購買的。」這樣的想法不在少數。實際上，技術只是資訊化的手段、載體和實現形式，如果沒有業務和管理的優化，即使運用再先進的資訊技術或系統都可能導致「南轅北轍」。舊有的流程和方式沒有改變，即使引進了先進的訊息技術直接類比手工業務處理方式和處理流程，也只是固化了落後的操作，只能使得問題更為明顯和嚴重，甚至有可能導致工作效率不如手工方式，IT 應用根本達不到預想的效果。

B. 管理層不重視

管理領導層對於資訊化工具不太了解，因此就不太重視，故而，導致新引進的資訊系統無法充分發揮原本的實力。資訊化過程需要領導層的絕對支援，否則非常容易流於形式。IT 專案的作用絕不僅僅是技術層面的，但是很多人總是以為技術就是 IT 專案的全部。實際上，IT 專案更加側重於改變企業的管理理念和處理問題的方式，但是這一點往往是許多企業所欠缺的。

C. 錯誤的產品

這是一個占最多數的失敗原因：你選擇了錯誤的資訊化產品。產品與方案是實現資訊化的工具與載體，是資訊化的重要組成部分。因此，產品選擇不當或未有針對性地進行優化，從而無法滿足企業資訊化的需求，是引發「資訊化黑洞」的直接導火線。

目前 IT 應用市場一派繁榮景象，各種產品層出不窮，但很多企業根本無從選擇，他們缺乏選擇和評價的標準與方法，甚至缺乏明確的目標與需求，導致產品的選擇缺乏針對性。根據調查，大多數資訊化失敗案例中，選擇錯誤的軟體的企業高達百分之六十七。實際上，處於不同生命週期的企業對於資訊化水準的要求是不一樣的。比如：在初創期的企業，規模不大、業務剛剛創立、管理環境變動大，此時不太適合採用大規模的集成管理系統；當企業進入發展後期甚至成熟期，可以考慮採用統一的管理資訊系統，如 ERP 資源管理系統等。

所以，你如果認真地閱讀了門診篇的所有內容，你會發現我從來都沒有積極推薦你採用新技術和超前的資訊化管理方式：不是新技術不好，而是當你沒有立即採用它的理由的時候，就不要貿然做第一個。總之，走自己的路，讓別人去當白老鼠吧！

以「走別人的路，讓別人無路可走」為口號的標竿管理方式，完全可以滿足你的企業在新技術方面的需求——那些先進企業採用的新興管理方式很好，於是你在考慮周全的情況下，引進了適合自己企業的新技術和新管理。

首先，不當小白鼠，其次，適合自己才是最好。謹遵這兩個要求就可以避免專案黑洞的產生。實際上，新技術和新管理方式代價昂貴，又不容易產生正面效應——這裡所指的「新」，是剛剛開發出來新鮮出爐的「新」。如果你說作業成本法很新，則你一定認為微波爐剛剛問世。總之，不要貿然採用別人還沒有使用過的新方法，如果你不想讓別人踩著你的肩膀前進的話。像資訊化這樣的高價藥，可能並不適合你的公司。不要讓項目黑洞吸走企業的正能量。

創見二十三：時刻讓成本控制為企業的終極目標服務

企業在管理中總是會產生層出不窮的問題，大多數都是來源於管理層根本不了解自己的企業處於什麼樣的位置、企業究竟需要什麼。其實，很多方面都可以成為企業尋找心中的一把尺，甚至成本也可以成為企業定位自己的指標。所以，關鍵在於，你能否從成本管理中發掘有用資訊，識別企業目前所處的境遇，然後採用符合企業自己個性的成本管理方式，讓管理方式為自己服務，而不是讓企業為實施特定的管理模式而屈就。

戰略成本管理，就是將企業的戰略管理和成本管理融合起來，從企業自身的角度出發，量身訂做適合企業的成本管理方式。換而言之，戰略成本管理是將「定制」應用於現代企業的成本管理。在戰略成本管理中，企業需要識別自身所處的競爭地位和狀況，結合獨特的競爭策略，實施專屬自己的成本管理模式。從戰略角度來研究成本形成與控制的戰略成本管理思想，是上世紀一九八〇年代在英美等國管理會計學者的宣導下逐步形成的。戰略成本管理融合了各種成本管理方式，採用形成戰略的步驟，包括環境分析、戰略規劃、戰略實施和控制、戰略業績評價，對企業成本進行統籌和規劃。

我可以用兩個例子說明戰略的重要性。

寶鋼就是戰略成本管理的優秀案例。寶鋼在戰略成本管理中，將成本管理的角色定位為：輔助戰略選擇，支持戰略實施。

雖然說船大掉頭難，但是，在採用戰略成本管理後，寶鋼作為一個巨型企業，在一九九八年到二〇〇四年的短短七年間，仍然實現了平均每年成本降低百分之三點五的神話。具體而言，寶鋼的成本管理方式包括了我在前文所提到 N 種管理方式：標竿管理、品質成本管理、作業成本管理、價值鏈分析、供應鏈分析、成本動因分析。實際上，寶鋼將這些優秀的管理思想同本企業充分地融合了起來，體現了寶鋼專屬的成本管理模式。

寶鋼透過對競爭環境和自身的分析，將自己定位為「鋼鐵精品的供應基地」，它的戰略目標也相應的定位為「成為全球最具有競爭力的鋼鐵企業」。從它的戰略目標可以看出，寶鋼實施的是目標集聚的差異化戰略和目標集聚的成本領先戰略，也就是對不同的客戶採用不同的產品管理方式：高端客戶就供應高端的獨特的產品，低端客戶就供應低價格的產品。因此，成本管理就相應不同：高端產品高度差異化，關注品質和新技術，追求清潔能源和綠色製造；低端產品採用低成本，關注價格和服務，追求生產中廢品的回收和二次利用。

在制定的戰略指導下，寶鋼將成本管理與戰略融合，針對高端產品採用品質成本管理，包括六西格瑪管理、標竿管理、價值鏈分析等。對於力圖以低成本搶占市場的產品，寶鋼採用的是成本動因分析、作業成本管理等方式尋找改進控制點。總之，為了符合自己的競爭戰略，一定要採用適合自己的成本管理模式。

其實，錯誤的戰略會導致錯誤的管理方式，進而可能會導致嚴重的後果。

柯達公司就是個比較典型的例子。曾經在膠卷底片風靡一時的時候，柯達公司是如何風光：「嗑噠」一聲，留住世界的微笑。當時的膠卷底片相機是被如此廣泛地應用。甚至上世紀的偵探電影的情節中，拍下了凶手面貌的膠卷底片總是在真相浮出水面之前被莫名曝光，導致我們的名偵探陷入尋找凶手的層層迷霧中。

但是，早在上世紀一九九〇年代，數位相機開始邁入千家萬戶，逐步成為主流的影像工具。除了為了凸顯小清新式懷舊感的文藝青年，大部分消費人群都會選擇數位相機這種方便快捷便宜的工具。但是柯達公司明顯不願意移步進入數位影像時代，雖然早在一九七六年已經開發了數位照相技術，然而大部分的業務中心仍然在傳統的膠卷底片行業上。主要原因是，管理層擔心，新的數位業務會削弱傳統業務的競爭力，當然事實證明，這完全是由於沉浸在自己的世界裡，從而導致的後知後覺式的自殺。次要原因是，柯達公司已經長期巨額投資於傳統膠卷底片業務，從原本習慣的溫暖的熟悉的環境中抽身而出，是多麼痛苦的一件事？！這再次驗證了沉沒成本的存在：管理層過度陷入過去的已經沉沒的投資專案，再加上感情的因素，因此不願意重新進行理性決策。

於是，柯達公司的那句口號——「成為世界最好的化學影像和電子影像公司」——也隨著「嗑噠」一聲，被定格在了歷史中：柯達傳統影像部門的銷售利潤從二〇〇〇年的一百四十三億美元，銳減至二〇〇三年的四十一點八億美元，跌幅達到百分之四十六；二〇一二年四月二十日，美國伊士曼柯達公司正式宣布破產。認真分析，你可以發現，如果戰略目標已經出現與現實不符的情況，企業還堅持著以前的思維習慣，必然是會遭受打擊和失敗的。當陳舊的戰略已經不適合企業了，但是管理層卻堅持依舊沿用陳舊的策略，失敗注定是遲早的事。

將寶鋼的成功案例和柯達的失敗案例放在一起說明，說明了戰略和定位在整個公司發展中的重要作用。因此，競爭戰略定位了企業，也定位了我們的成本控制管理。

為了避免管理陷阱，選擇適合自己的管理方式是個最有效的方法，而戰略就是為企業指明方向的燈塔。將成本管理方式成為企業自己的獨家定制，可以避免更多的浪費。每個人的身體狀況都各有不同，找到最合適自己的保持健康的方式非常重要。

總之，管理方式不在新，適合自己則最靈。成本管理方式如斯，更加廣義的企業管理如斯。

要保持長期的健康，往往不是一蹴而就的。企業就如同一個成長的孩子，它需要你的悉心調理和熱心照顧。周星馳在《食神》裡說過的經典台詞就包括了這樣一句：「只要有心，人人都是食神。」我可以秉持著毅力的精髓，勉勵你一句：「只要有心，人人都可以成功。」不論你是一個初出茅廬自主創業的熱血青年，還是一個而立之年中途轉行的半路老爸，我都希望你在這本書裡學到了基本的企業成本控制管理知識，或豐富視野，或學以致用。

隨著經濟業務的發展，新發生的業務的成本同樣需要及時測量和控制。在把新業務納入已有的成本控制體系之內以前，你就必須仔細考慮：「這項新業務是否可以為企業增加價值？還是拖累了已有的經濟業務？」上文提到的柯達公司就是沒有考慮好新業務和舊業務之間的關係，墨守成規作繭自縛，最終走向滅亡。以下我提供一個小訣竅，讓你在面臨新的業務並思索是取是捨之時，可以有一個衡量和比較的工具。同時，為了鞏固成本控制管理的成果、讓企業常保健康，我還會介紹幾種業績評價方式，以便於令企業的員工們「卯足幹勁、力爭上游、多快好省地建設社會主義」。

創見二十四：吃透本量利

企業面臨新業務，不免會牽涉到成本、銷售數量、利潤這三方面的內容。針對這三方面的內容，我們就需要掌握「本量利」分析這個工具。

「本量利」分析是什麼？

「本量利」分析，就是研究成本和業務量的關係，並確定了成本按性態的分類，然後在此基礎上明確成本、數量和利潤之間的相互關係。最主要的，就是將成本、銷售數量和利潤統一於一個數學模型中，在管理層對業務進行分析時，只須把成本、銷售數量或者利潤三者之中的兩個變數作為已知，代入模型，即可以求出第三個的理論值，也就是在管理中參考的數量。

很多人一聽到建模就立即暈了，但是我要是換一個辭彙「方程」，可能你覺得比較容易接受了。其實，「本量利」分析就建立在一個很簡單的方程基礎之上：

利潤 = 銷售收入 - 總成本

這個方程在所有的財務和會計領域位居 NO.1 的角色。換句話說，如果你仔細看過介紹會計和財務知識的書籍，你會發現幾乎百分之八十的財會知識都可以用這個公式表達。在這裡，「本量利」分析則將公式細化為成本、銷售數量和利潤的三方關係式：

由於，

銷售收入 = 單價 × 銷售數量

總成本 = 變動成本＋固定成本 = 單位變動成本 × 銷售數量 + 固定成本

因此，

利潤 = 單價 × 銷售數量 - 單位變動成本 × 銷售數量 - 固定成本

仔細看過上文（尤其是血液篇）的你一定認出了兩個熟悉的身影——變動成本和固定成本。變動成本和固定成本是按照成本性態而進行劃分的，主要的依據是與產量是否呈線性關係：與產量呈線性變動的屬於變動成本，不隨產量變動的是固定成本。當時我就說過，把成本分為固定成本和變動成本是有原因的——管理更加方便。在血液篇中，我介紹說，固定成本會產生財務槓桿作用，有利於放大企業的利潤空間（請參考前文「血液篇」）。在這裡，這種分類方式再次發揮作用。由於固定成本的存在，使得某些「臨時訂單」成為企業牟利的一種小訣竅。老闆們反感員工們「兼差」，但是如果企業有「兼差」可做，你可別急著拒絕或者接受。是不是有利可圖？別急，先進行「本量利」分析，然後再做決定。

根據上面最後的那個公式，你搬完手指後發現，其中有 5 個變數。學過小學數學的你還可以知道，一旦給定了其中 4 個變數，另外一個一定可以求出來。

如何使用「本量利」分析？

什麼時候快要虧本了？

首先，保本點，就是企業的盈虧臨界點，也就是企業生產多少的時候剛好收入等於支出。如果低於這個銷售量（哪怕一個單位），你就該揮淚大拍賣了。因為再賣不出去，你就只能倒貼了。盈虧臨界點的演算法很簡單，只要將我們的公式裡「利潤」變成 0，代入即可。由於成本就是你自己的企業內部的實際情況，單價也是給定的市場價格，未知的銷售數量就可以算出來了。

比如：A 企業生產某產品，單位變動成本是 1.2 元，固定成本是 1600 元，市場價格為 2 元。A 企業的正常銷售量是 4000 件。請你計算盈虧臨界點的銷售量。

雖然我知道你一定算對了，但是我還是要公布一下正確答案：

根據公式：利潤 = 單價 × 銷售數量 - 單位變動成本 × 銷售數量 - 固定成本

利潤為 0，因此就變成了

單價 × 銷售數量 = 單位變動成本 × 銷售數量 + 固定成本

代入之後，銷售量 = 固定成本 /（單價 - 變動成本）

因此 1600/（2-1.2）=2000（件）

例子中，A 企業的正常銷售水準是 3000 件，大於 2000 件。

因此我們可以知道 A 企業還是可以在下降 2000 件的範圍內評估一下決定究竟是否增加生產規模。

同時，企業現在的利潤水準是：

（2-1.2）×4000-1600=1600（元）

這個利潤指標可以作為現狀，也可以作為保持的目標。以後的分析中，該項利潤水準可以作為參照，輔助管理層決定是否進行新產品生產或者是否調整生產策略等。

因此，根據企業的成本資料，你可以知道自己什麼時候虧損、什麼時候盈利，什麼時候可以淡定篩選訂單保證銷售品質、什麼時候應該加緊行銷力度削價拋售。

其實從公式中我們也可以看出，如果固定成本越高，你的企業必須同樣有足夠大銷量。這就構成了固定成本給你帶來的不利之處：為了分攤企業高額的固定成本，必須有足夠多的產品可以銷售出去形成利潤。如果產量降低，而企業的固定成本又太多，你的企業會立即面臨虧損的惡兆。這一點就回答了在血液篇裡的問題：為什麼經營槓桿比較高的企業同樣需要生產大量的產品。用句俗語可以解釋：「爬得越高摔得越疼。」固定成本給企業帶來放大利潤的效應，也帶來了放大虧損的效應。既然如此，你就必須摸清楚企業中的固定成本對實際產量有何要求。

同樣地，根據公式的變形，我們還可以知道 A 企業的單價制定在什麼地方，企業盈利也剛好為 0。這個計算方式可以應用於企業的定價決策，也就是定多高的價格使得企業不至於虧損。

4000×（P-1.2）-1600=0

得出，P=1.24（元）

也就是說，當單價定的低至 1.24 元的時候，企業已經收支相抵了。再低就沒法收回成本了。換句話說，你就是不生產，閒置生產力，也比轉動機器設備更划算。

哪個因素對成本影響更大？

敏感分析，就是當公式中的變數真正成為一個「變」量時，它的變化對其他因素的影響。作為企業的管理層，必須要知道什麼因素對利潤的影響力最大。當環境發生變化了，你該如何調整其他因素，保證目標利潤的實現。

例如：某一因素發生變化，在多大變化幅度下，可以使得企業由盈利轉為虧損？

沿用上文的 A 企業。剛才得出結論，A 公司可以忍受在正常銷售量下降 2000 件時的不利狀況，但是當銷售量降為 2000 件的時候，A 企業應該立即採取措施增加生產，否則面臨的就是虧損的厄運。

根據上文定價策略的應用，你也可以知道，如果企業需要透過價格競爭來獲得客戶，起碼要把價格定在 1.24 元以上才不至於虧損。由於現價是 2 元每件，因此降價幅度必須控制在 0.76 元以內：雖然掌櫃是瘋了，但是學過財務的你還是應該心裡有本明細帳。

另外，為了達到目標利潤，即使降價了，企業仍然可以透過提高產量，努力實現銷售，以彌補降價損失，也就是「薄利多銷」的應用。

比如價格降為 1.7 元，如果要達到現在的利潤水準 1600，必須至少要生產多少？

（1.7-1.2）×Q-1600=1600

Q=6400（件）

故而，企業必須多生產 2400 件產品（6400-4000）才能彌補價格下跌帶來的損失。

創見二十五：新訂單不是想接就能接的

利用「本量利」的公式，我們還可以回答以下兩個問題：

第一，接受新訂單的問題：甲和乙究竟選哪個？

在面臨接受的新訂單，甲訂單為 1000 件產品，單價為 3 元，每件成本為 1.6 元。乙訂單為 3500 件產品，單價為 2 元，每件成本為 1.7 元。請問究竟生產哪一種？

簡單地進行利潤比較即可得出答案：

甲訂單：（3-1.6）×1000=1400（元）

乙訂單：（2-1.7）×3500=1050（元）

1400-1050=350（元）

因此，A 企業應該選擇甲訂單，並且很明顯，選擇甲訂單可以比乙訂單多賺 350 元。

第二，虧損的訂單是否一定拒絕？

剛才的第一個問題可能沒有什麼技術含量，因此我提出了這個問題，請你回答：

如果 A 企業的新訂單只有一個，訂單中產品數量為 2000 件，產品單價為 2 元。但是由於原材料成本一致上漲，成本已經升高至 2.2 元，請問還有必要進行生產嗎？

有個小訣竅，當別人篤定地問你某個看似簡單的問題時，千萬不要快速回答，而是要做「雖然知道答案，但是就不告訴你」的神態反而笑而不語。

言歸正傳，題中缺少了一個條件，那就是變動成本占產品成本的比例。換句話說，是否接受這個虧損的訂單要看變動成本的比例。假如變動成本小於 2 元，也就是變動成本在單價之下，可以接受訂單，否則不能接受。

可能你不太理解其中的道理。因為固定成本（雖然也是成本的組成部分），卻作為已經投入的成本不能被加入到決策的相關成本中了。不論你生產的多或少，固定成本巍然不動。從這個層面上說，固定成本已經是一種沉沒成本，不能夠再對你的經營決策產生影響。因此，在決定是否需要接受這個虧損的訂單時，你需要把固定成本剔除出來，將剩下的變動成本與產品的售價相比較。一旦產品的銷售價格比變動成本高，就可以接受該訂單。

其實，即使是接受了這個訂單，也並非意味著該分虧損訂單「有利可圖」。僅僅是，如果不接受該訂單，已經投入的固定成本徹底算是「肉包子打狗有去無回」了。當接受了這個訂單後，由於銷售價格高於變動成本，因此會有一部分作為已付出的固定成本的「補償」。打個不恰當的比方，某個屈就下嫁的女孩總是愛打趣說，雖然是鮮花插在了牛糞上（依舊是虧損），但是這個年頭由於牛糞也不好找（為了彌補一部分的虧損），所以只能委屈一下了。

「本量利」分析是成本決策的基本工具之一。從這個角度說，成本是我們的企業進行決策的重要依據。再次揭示了一個觀點：成本控制管理不是目的，促使企業走向可持續地盈利和發展才是終極目標。

創見二十六：部門的業績如何評價

成本控制管理僅僅是企業一個管理問題。至於說到整個企業的運作，企業的整體健康狀況就必須納入我們的考量的範圍。究竟什麼樣的公司才是業績突出的好公司？我可以說，健康狀況良好的企業就是一個好企業。那麼如何衡量企業的整體健康狀況呢？業績評價就是從企業的產出角度衡量目標企業的健康狀況。

但是由於企業的健康狀況難以簡單地評定，故而業績評價也存在著很多困難。很多業績評價工具都存在一個問題，究竟成果該歸屬於誰？在日常的業務流程管理中，你可以發現，我們努力地促使整個業務流程鏈條化、無邊界化、一體化。但是到了考核獎懲之時，卻必須把合作的成果分為若干份，落實到各人的頭上。合久必分、分久必合。公司的經營成果如何劃分絕對是個大難題，這也是財務管理領域各位學者百家爭鳴的所在。就好比不同的中醫在如何治療火氣太重的病患總是各持己見：綠豆、苦瓜、柿子，都是清涼敗火之物，但是哪一個效果最好，醫生們卻很難有統一的意見。因此，我只有把這些醫生們的推薦一一介紹給你，讓你可以形成參考親自嘗試，找出最適合自己企業的「處方」。

首先是從外部看，你的企業是否健康。

以財務指標作為業績評價指標。這是最簡單的業績評價方法。因為財務指標直接可以從財務報表上獲得或者透過簡單計算得出，因此最為方便和簡潔。這就好比看一個人是否健康，只需要看看他的氣色和精神狀況的表徵即可得出的結論。淨利、投資報酬率、上市公司的每股收益，都可以作為考察的指標。

剩餘收益和經濟增加值作為業績評價指標。這就需要財務報表和內部的管理資料合併計算才能得出。剩餘收益，是指一項投資的實際報酬和要求的報酬之間的差額：

剩餘收益 = 收益 - 應計成本

剩餘收益，相對於會計利潤而言，還考察了機會成本的概念。你還記得機會成本嗎？在血液篇中，那個嫁給富二代的莫愁最大的遺憾就是沒有完成自由戀愛的夢想——這就是她的機會成本。放到計算剩餘收益的公式裡來，也就是應計成本的概念。因此我們可以知道，由於機會成本因人而異，同樣的公司，相對於不同投資人而言，剩餘收益是不一樣的。因此，你讓馬諾計算她嫁給富二代的剩餘收益，肯定比莫愁的剩餘收益大。

經濟增加值，修正了剩餘收益的概念：

經濟增加值 = 調整後的稅後利潤 - 加權平均資本成本 × 調整後的投資成本

公式中最大的變化就是修正了不同投資主體的機會成本問題。不管你是馬諾還是莫愁，統一拉平機會成本。隨機讓十個姑娘寫出分別嫁給富二代的機會成本，去掉一個最高分，去掉一個最低分，綜合評分就是加權平均資本成本。

總之，整體的外在評價比較困難，但是憑藉著一些指標，我們還是可以從各個側面綜合了解企業的總體健康情況。

其次是從內部看，你的企業是否健康。

企業內部的部門與部門之間、人員與人員之間，必然存在著業績評價問題。正如人體內部的器官和循環，為了保持健康，必須保證所有的器官和循環都正常運行。一旦身體有些不適，必定是內部的某些病症引起。俗語說，病來如山倒，病去如抽絲。所以需要識別企業內部的器官運行情況，及時發現潛在的不利，及時防治，將疾病扼殺在搖籃裡。

因此，考量企業內部不同部門的業績，就需要將整體的業績落實到內部各個單位和部門，形成評價部門的依據。

一般來說，可以將企業的部門分為三種類型：成本中心、利潤中心、投資中心。

（1）成本中心，就是該部門只有成本，沒有收入。這種部門是廣泛存在的，比如生產作業部、管理部。對於這種部門，成本控制管理十分重要。因此，可以用衡量成本控制是否有效的方法來進行業績評價，也就是我在前文中的所有介紹的內容。唯一需要注意的是，在成本中心的成本控制管理中，需要區別責任成本與一般成本的區別。

由於考察的物件是企業內部的部門，因此成本需要在部門間劃分。責任成本將本部門可控的成本全部歸屬到自己的成本範圍內，除此之外不屬於本部門的成本。所以說不可控成本，就好比天災，可控成本好比人禍。又曰，人禍可免，天意難違。

（2）利潤中心，該部門既有成本又有收入，所以有自己的利潤。既然加入了收入，就加入了收入的劃分。把收入在不同部門之間劃分，需要制定內部轉移價格。也就是把部門假設為市場上的主題，參照轉移價格類比出部門收入。

（3）投資中心，該部門不僅有收入和利潤，還可以決定進行投資決策。因此，對於該部門還需要考核占用資產的效率。

其實從這三種類型的部門考核，你不難看出，隨著部門日益成熟，考驗也在逐步增加。這就好比考察不同年齡階段的人的指標：當你還在上幼兒園，你的父母通常只會關心你是不是身體健康；到了讀書的時候，身體健康固然重要，學習成績也成為衡量你的一個重要因素；等你邁入社會，工作是否穩定、收入和地位是否令人羨慕，這些成為了別人衡量你的標準。

但是你也要知道，身體是否健康畢竟是最基礎的考察標準。若失去了健康，一切的成就都會成為鏡中花水中月，所以，身體的健康是最值得去精心呵護的。

國家圖書館出版品預行編目（CIP）資料

翻轉企業困境：降低成本的 26 個創見 / 楊晶晶著 . -- 第一版 .
-- 臺北市：財經錢線文化，2020.02
面； 公分

ISBN 978-957-680-391-8(平裝)

1. 成本管理 2. 成本控制

494.76 109001648

書　　名：翻轉企業困境：降低成本的 26 個創見
作　　者：楊晶晶 著
發 行 人：黃振庭
出 版 者：財經錢線文化事業有限公司
發 行 者：財經錢線文化事業有限公司
E-mail：sonbookservice@gmail.com
粉 絲 頁：　　　網 址：
地　　址：台北市中正區重慶南路一段六十一號八樓 815 室
8F.-815, No.61, Sec. 1, Chongqing S. Rd., Zhongzheng
Dist., Taipei City 100, Taiwan (R.O.C.)
電　　話：(02)2370-3310 傳　真：(02) 2388-1990
總 經 銷：紅螞蟻圖書有限公司
地　　址: 台北市內湖區舊宗路二段 121 巷 19 號
電　　話:02-2795-3656 傳真 :02-2795-4100　　網址：
印　　刷：京峯彩色印刷有限公司（京峰數位）

定　　價：250 元
發行日期：2020 年 02 月第一版
◎ 本書以 POD 印製發行